조리기능사 실기 양식

스탠드형 핵심 요약집

STEP1 실선을 따라 자른다.

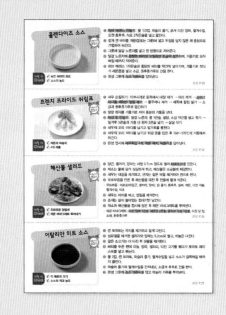

STEP2 점선을 따라 접는다.

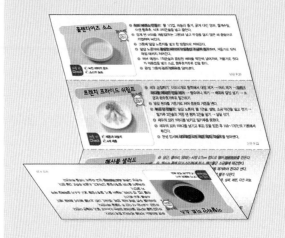

STEP3 조리대에 세워놓고 보면서 실습한다.

월도프 샐러드

시험시간 20분

① 사과는 껍질을 벗겨 **사방 1cm** 크기로 자르고, 레몬즙을 탄 물에 담가 둔다.
② 미지근한 물에 불린 호두는 이쑤시개를 이용하여 속껍질을 제거한다.
③ 셀러리는 섬유질을 제거한다.
④ 호두 일부와 셀러리는 **사방 1cm** 크기로 등분하고, 나머지 호두는 다져 둔다.
⑤ 사과, 셀러리, 호두에 마요네즈를 조금씩 넣으면서 섞고 레몬즙, 소금, 흰 후춧가루로 간을 한다.
⑥ 양상추는 물에 담가두었다가 물기를 제거하고, 적당한 크기로 뜯어 완성 접시에 올린다.
⑦ 양상추 위로 샐러드를 담은 후 다진 호두를 얹어낸다.

제출 전 Check
☑ 각 재료의 크기
☑ 마요네즈의 농도

본문 P.12

타르타르 소스

시험시간 20분

① 달걀은 소금과 식초를 조금씩 넣고 13~15분 정도 삶아 완숙을 만든다.
② 삶은 달걀은 찬물에 식힌 후 흰자는 0.2cm로 다지고, 노른자는 체에 내린다.
③ 양파는 0.2cm로 다져 소금물에 절인 후 물기를 제거하고, 오이피클도 0.2cm로 다져 물기를 제거한다.
④ 달걀, 양파, 오이피클, 파슬리 가루 일부를 넣고 마요네즈를 조금씩 넣으면서 섞는다.
⑤ 레몬즙과 소금, 흰후춧가루를 넣어 간을 한다.
⑥ 완성 그릇에 **소스 100ml 이상**을 담은 후 파슬리 가루를 얹어낸다.

제출 전 Check
☑ 각 재료의 크기
☑ 소스의 농도

본문 P.14

사우전 아일랜드 드레싱

시험시간 20분

① 달걀은 소금과 식초를 조금씩 넣고 13~15분 정도 삶아 완숙을 만든다.
② 양파는 0.2cm로 다져 소금물에 절인 후 물기를 제거하고, 오이피클과 피망도 0.2cm로 다져 물기를 제거한다.
③ 삶은 달걀은 찬물에 식힌 후 흰자는 0.2cm로 다지고, 노른자는 체에 내린다.
④ 달걀, 양파, 오이피클, 피망을 마요네즈와 토마토 케첩을 넣고 섞는다. (마요네즈:토마토 케첩 = 3:1)
⑤ 레몬즙과 소금, 흰후춧가루로 간을 하고, 식초를 약간 넣는다.
⑥ 완성 그릇에 **소스 100ml 이상**을 담아낸다.

제출 전 Check
☑ 각 재료의 크기
☑ 소스의 색깔 및 농도

본문 P.16

치즈 오믈렛

시험시간 20분

① 달걀에 소금을 넣고 저어 알끈을 끊어준 후 생크림을 넣고 체에 내린다.
② 치즈는 사방 0.5cm 크기로 자른 후 반 정도는 달걀물에 섞는다.
③ 달궈진 오믈렛 팬에 식용유와 버터를 넣고, 달걀물을 부어 나무젓가락을 이용해 스크램블 에그를 만든다.
④ 달걀이 반 정도 익으면 남은 치즈를 고르게 올리고 **타원형**으로 말아가며 익힌다.
⑤ 타거나 덜 익지 않도록 불 조절에 주의하며, 속까지 익힌 후 완성 접시에 담아낸다.

제출 전 Check
☑ 오믈렛 모양

본문 P.18

월도프 샐러드

타르타르 소스

사우전 아일랜드 드레싱

치즈 오믈렛

홀렌다이즈 소스

시험시간 **25분**

❶ 허브 에센스 만들기: 물 1/2컵, 파슬리 줄기, 굵게 다진 양파, 월계수잎, 으깬 통후추, 식초 2작은술을 넣고 끓인다.

❷ 잘게 썬 버터를 계량컵(또는 그릇)에 넣고 뚜껑을 덮지 않은 채 중탕으로 가열하여 녹인다.

❸ 그릇에 달걀 노른자를 넣고 한 방향으로 저어준다.

❹ 달걀 노른자에 중탕한 버터의 오일층만 조금씩 첨가하며, 거품기로 되직해질 때까지 저어준다.

❺ 허브 에센스 1작은술과 중탕한 버터를 약간씩 넣어가며, 거품기로 젓다가 레몬즙, 소금, 흰후춧가루로 간을 한다.

❻ 완성 그릇에 소스 100ml 이상을 담아낸다.

제출 전 Check
☑ 녹인 버터의 온도
☑ 소스의 농도

본문 P.20

프렌치 프라이드 쉬림프

시험시간 **25분**

❶ 새우 손질하기: 이쑤시개로 등쪽의 내장 제거 → 머리 제거 → 꼬리 1마디를 제외한 껍질 제거 → 물총 제거 → 배 쪽에 칼집 넣기 → 소금과 흰후춧가루로 밑간하기

❷ 달걀 흰자를 거품기로 저어 충분히 거품을 낸다.

❸ 튀김 옷 만들기: 달걀 노른자, 물 1큰술, 설탕, 소금 약간을 넣고 젓기 → 밀가루 2큰술과 흰자 휘핑 2큰술 넣기 → 살살 섞기

❹ 새우의 꼬리 1마디를 남기고 밀가루를 묻힌다.

❺ 새우의 꼬리 1마디를 남기고 튀김옷을 입힌 후 160~170℃의 기름에서 튀긴다.

❻ 완성 접시에 새우튀김 4개, 레몬 웨지, 파슬리를 담아낸다.

제출 전 Check
☑ 레몬과 파슬리
☑ 4개 제출

본문 P.22

해산물 샐러드

시험시간 **30분**

❶ 당근, 셀러리, 양파는 사방 0.7cm 정도로 썰어 미르포아를 만든다.

❷ 채소는 물에 담가 싱싱하게 하고, 해산물은 소금물에 해감한다.

❸ 새우는 내장을 제거하고, 관자는 얇은 막을 제거하여 편으로 썬다.

❹ 쿠르부용을 만든 후 해산물을 데친 후 찬물에 헹궈 식힌다.

＊쿠르부용: 미르포아(당근, 셀러리, 양파), 딜 줄기, 통후추, 실파, 레몬, 다진 마늘, 월계수잎, 식초

❺ 새우는 머리를 떼고, 껍질을 제거한다.

❻ 조개는 살이 붙어있는 껍데기만 남긴다.

❼ 채소와 해산물을 접시에 담은 후 레몬 비네그레트를 뿌려낸다.

＊레몬 비네그레트: 다진 양파 1큰술, 레몬즙 2큰술, 올리브오일 1큰술, 다진 딜잎, 소금, 흰후춧가루

제출 전 Check
☑ 조화로운 담음새
☑ 레몬 비네그레트 뿌려내기

본문 P.28

이탈리안 미트 소스

시험시간 **30분**

❶ 캔 토마토는 꼭지를 제거하고 잘게 다진다.

❷ 섬유질을 제거한 셀러리와 양파는 0.2cm로 썰고, 마늘은 다진다.

❸ 갈은 소고기는 더 다진 후 핏물을 제거한다.

❹ 버터를 두른 냄비에 소고기와 양파, 마늘, 셀러리, 토마토 페이스트 순으로 넣고 볶다가 캔 토마토를 넣고 볶는다.

❺ 물 2컵, 캔 토마토, 파슬리 줄기, 월계수잎을 넣고 소스가 걸쭉해질 때까지 끓인다.

❻ 파슬리 줄기와 월계수잎을 건져내고, 소금과 후추로 간을 한다.

❼ 완성 그릇에 소스 150ml 이상을 담고 파슬리 가루를 뿌려낸다.

제출 전 Check
☑ 각 재료의 크기
☑ 소스의 색과 농도

본문 P.31

홀렌다이즈 소스

재료

- 달걀 2개
- 양파 1/8개
- 레몬 1/4개
- 버터 200g
- 파슬리 1줄기
- 월계수잎 1잎
- 검은 통후추 3개
- 식초 20ml
- 소금 2g
- 흰후춧가루 1g

요구사항

❶ 양파, 식초를 이용하여 허브 에센스(Herb Essence)를 만들어 사용하시오.

❷ 정제 버터를 만들어 사용하시오.

❸ 소스는 중탕으로 만들어 굳지 않게 그릇에 담아내시오.

❹ 소스는 100ml 이상 제출하시오.

본문 P.20

프렌치 프라이드 쉬림프

재료

- 새우 4마리
- 달걀 1개
- 파슬리 1줄기
- 흰설탕 2g
- 흰후춧가루 2g
- 이쑤시개 1개
- 밀가루(중력분) 80g
- 레몬 1/6개
- 식용유 500ml
- 소금 2g
- 냅킨 2장

요구사항

❶ 새우는 꼬리쪽에서 1마디 정도 껍질을 남겨 구부러지지 않게 튀기시오.

❷ 새우튀김은 4개를 제출하시오.

❸ 레몬과 파슬리를 곁들이시오.

본문 P.22

해산물 샐러드

재료

- 새우 3마리
- 피홍합 3개
- 레몬 1/4개
- 그린 치커리 2줄기
- 양상추 10g
- 마늘 1쪽
- 월계수잎 1잎
- 올리브오일 20ml
- 소금 5g
- 흰통후추(또는 검은 통후추) 3개
- 롤라로사(또는 잎상추) 2잎
- 관자살 1개
- 중합 3개
- 양파 1/4개
- 당근 15g
- 실파(1뿌리) 20g
- 딜 2줄기
- 셀러리 10g
- 식초 10ml
- 흰후춧가루 5g

요구사항

❶ 미르포아(Mire-Poix), 향신료, 레몬을 이용하여 쿠르부용(Court Bouillon)을 만드시오.

❷ 해산물은 손질하여 쿠르부용(Court Bouillon)에 데쳐 사용하시오.

❸ 샐러드 채소는 깨끗이 손질하여 싱싱하게 하시오.

❹ 레몬 비네그레트는 양파, 레몬즙, 올리브오일 등을 사용하여 만드시오.

본문 P.28

이탈리안 미트 소스

재료

- 양파 1/2개
- 캔 토마토(고형물) 30g
- 셀러리 30g
- 버터 10g
- 마늘 1쪽
- 검은 후춧가루 2g
- 소고기(갈은 것) 60g
- 월계수잎 1잎
- 토마토 페이스트 30g
- 파슬리 1줄기
- 소금 2g

요구사항

❶ 모든 재료는 다져서 사용하시오.

❷ 그릇에 담고 파슬리 다진 것을 뿌려내시오.

❸ 소스는 150ml 이상 제출하시오.

본문 P.31

브라운 그래비 소스

시험시간 **30분**

1. 양파, 셀러리, 당근을 일정한 굵기로 채 썬다.
2. 버터 1큰술을 녹인 후 밀가루 2큰술을 넣고 진한 갈색이 나도록 볶아 브라운 루를 만든다.
3. 브라운 루에 토마토 페이스트 1큰술을 넣고 타지 않게 볶는다.
4. 버터를 두른 팬에 물을 보충해가며 양파, 셀러리, 당근을 볶는다.
5. 볶은 채소에 브라운 루와 토마토 페이스트 볶은 것, 물 2컵, 월계수잎, 정향을 넣고 걸쭉해질 때까지 끓인다.
6. 소금과 후추로 간을 한 후 월계수잎과 정향을 건져내고 체에 내려 **200ml 이상**을 완성 그릇에 담아낸다.

제출 전 Check
☑ 소스의 색과 농도
☑ 200ml 이상 제출

본문 P.34

포테이토 샐러드

시험시간 **30분**

1. 껍질을 제거한 감자는 **사방 1cm**로 썰고, 물에 담가 전분을 제거한다.
2. 양파는 곱게 다진 후 약간의 소금을 넣은 물에 담가 **매운맛을 제거한다.**
3. 감자는 약간의 소금을 넣은 물에 5~6분 정도 삶은 후 찬물을 끼얹어 식히고 물기를 제거한다.
4. 물기를 제거한 양파와 마요네즈, 소금, 흰후춧가루를 섞은 후 감자를 넣어 살살 버무린다.
5. 완성 접시에 담고, 위에 **파슬리 가루**를 얹어낸다.

제출 전 Check
☑ 양파의 매운맛 제거
☑ 감자의 익힘 정도   ☑ 마요네즈 양

본문 P.36

베이컨, 레터스, 토마토 샌드위치

시험시간 **30분**

1. 양상추는 찬물에 담가 싱싱하게 준비한다.
2. 식빵은 약불로 달군 마른 팬에 앞·뒤로 타지 않게 구운 후 세워 둔다.
3. 베이컨은 마른 팬에 구워 키친타올 위에서 기름기를 제거하고 후추를 약간 뿌려 놓는다.
4. **토마토는 0.5cm 두께**로 썰어 소금과 후추를 약간 뿌려 놓는다.
5. 식빵 2조각은 한쪽 면에만, 1조각은 양쪽 면에 마요네즈를 바른다.
6. 식빵(한쪽) → 양상추 → 베이컨 → 식빵(양쪽) → 양상추 → 토마토 → 식빵(한쪽) 순으로 올린다.
7. 식빵의 가장자리를 잘라내고, **4등분**한 후 보기 좋게 담아낸다.

제출 전 Check
☑ 베이컨의 굽기 정도
☑ 샌드위치의 모양

본문 P.38

햄버거 샌드위치

시험시간 **30분**

1. 양상추는 찬물에 담가 두고, **양파와 토마토는 0.5cm 두께**의 링 모양으로 썰어 키친타올에 올리고 소금, 후추를 약간 뿌려둔다.
2. 햄버거빵 **안쪽에 버터를 고르게 발라 구운 후** 세워서 식힌다.
3. 남은 양파와 섬유질을 제거한 셀러리는 다진 후 팬에 볶아 식힌다.
4. 다진 소고기, 볶은 양파와 셀러리, 빵가루 2큰술, 달걀물 1큰술, 소금, 후추를 넣고 치댄다.
5. 고기 반죽을 0.8cm 두께로 빵의 지름보다 0.5cm 정도 크게 만든다.
6. 달군 팬에 식용유와 버터를 두르고, 패티를 **미디엄 웰던(Medium-Wellden)**으로 굽는다.
7. 빵 → 양상추 → 양파 → 패티 → 토마토 → 빵 순으로 올린다.
8. **반으로** 자르고, 안쪽 면이 보이도록 접시에 담아낸다.

제출 전 Check
☑ 패티의 익힘 정도
☑ 속재료의 크기

본문 P.40

브라운 그래비 소스

재료

- 브라운 스톡(또는 물) 300ml
- 밀가루 20g
- 셀러리 20g
- 토마토 페이스트 30g
- 정향 1개
- 소금 2g
- 양파 1/6개
- 당근 40g
- 월계수잎 1잎
- 버터 30g
- 검은 후춧가루 1g

요구사항

❶ 브라운 루(Brown Roux)를 만들어 사용하시오.
❷ 소스의 양은 200ml 이상 만드시오.

포테이토 샐러드

재료

- 감자 1개
- 양파 1/6개
- 파슬리 1줄기
- 마요네즈 50g
- 소금 5g
- 흰후춧가루 1g

요구사항

❶ 감자는 껍질을 벗긴 후 1cm의 정육면체로 썰어서 삶으시오.
❷ 양파는 곱게 다져 매운맛을 제거하시오.
❸ 파슬리는 다져서 사용하시오.

본문 P.36

베이컨, 레터스, 토마토 샌드위치

재료

- 식빵 3조각
- 양상추(2잎 정도, 또는 잎상추) 20g
- 베이컨 2조각
- 토마토 1/2개
- 마요네즈 30g
- 소금 3g
- 검은 후춧가루 1g

요구사항

❶ 빵은 구워서 사용하시오.
❷ 토마토는 0.5cm의 두께로 썰고, 베이컨은 구워서 사용하시오.
❸ 완성품은 4조각으로 썰어 전량을 내시오.

본문 P.38

햄버거 샌드위치

재료

- 소고기 100g
- 토마토 1/2개
- 셀러리 30g
- 햄버거빵 1개
- 버터 15g
- 소금 3g
- 양파 1개
- 양상추 20g
- 빵가루(마른 것) 30g
- 달걀 1개
- 식용유 20ml
- 검은 후춧가루 1g

요구사항

❶ 빵은 버터를 발라 구워서 사용하시오.
❷ 고기는 미디엄 웰던(Medium-wellden)으로 굽고 구워진 고기의 두께는 1cm로 하시오.
❸ 토마토, 양파는 0.5cm의 두께로 썰고 양상추는 빵 크기에 맞추시오.
❹ 샌드위치는 반으로 잘라 내시오.

본문 P.40

실선에 따라 자르고, 점선에 따라 접어서 사용하세요.

쉬림프 카나페

시험시간 **30분**

제출 전 **Check**
☑ 재료 올리는 순서
☑ 4개 제출

① 달걀은 소금을 조금 넣고 13~15분 정도 삶아 완숙을 만든다.
② 새우는 두 번째 마디에 이쑤시개를 넣어 내장을 제거한다.
③ 셀러리, 양파, 당근은 일정한 굵기로 채 썰어 미르포아를 만든다.
④ 미르포아와 레몬, 소금을 넣고 끓인 물에 새우를 삶아 식힌다.
⑤ 익힌 새우는 머리, 껍질, 꼬리를 제거하고 등쪽에 칼집을 넣는다.
⑥ 달걀은 껍데기를 제거한 후 식빵과 같은 두께로 썰고, 소금과 흰후춧가루를 뿌려둔다.
⑦ 식빵은 4조각으로 잘라 지름 4cm 정도의 원형으로 만들고 마른 팬에 구운 후 식혀 한쪽 면에만 버터를 바른다.
⑧ 달걀 → 새우 → 토마토 케첩 → 파슬리잎 순으로 올려 4개를 담아낸다.

본문 P.43

샐러드 부케를 곁들인 참치타르타르와 채소 비네그레트

시험시간 **30분**

제출 전 **Check**
☑ 샐러드 부케와 참치타르타르의 모양

① 채소는 찬물에 담가 싱싱해지면 물기를 제거한다.
② 참치는 키친타올에 올려 꽃소금을 뿌려 해동시킨 후 소금기를 제거하여 사방 3~4mm의 주사위 모양으로 자른다.
③ 오이는 3cm 길이로 자른 후 돌려 깎아 채소 비네그레트용으로 준비하고, 나머지는 둥근 쪽에 구멍을 낸다.
④ 롤라로사, 치커리, 딜, 차이브, 붉은색 파프리카 채 썬 것 일부를 데쳐 놓은 차이브로 묶어 샐러드 부케를 만든 다음 오이에 꽂는다.
⑤ 참치타르타르 만들기: 양파, 그린 올리브, 케이퍼, 처빌을 곱게 다진 다음 올리브오일 1작은술, 핫소스 1/2작은술, 레몬즙, 소금, 흰후춧가루와 참치를 넣고 버무린다.
⑥ 퀜넬 형태로 참치타르타르 3개를 만들어 접시에 담는다.

⑦ 채소 비네그레트를 참치 주변에 뿌려 준다.
* 채소 비네그레트: 붉은색·노란색 파프리카, 양파, 오이를 곱게 다지기 → 다진 파슬리와 딜, 레몬즙 1/2작은술, 식초 2작은술, 올리브오일 2큰술, 소금, 흰후춧가루를 넣고 버무리기
⑧ 샐러드 부케를 놓은 후 주변에 남은 채소 비네그레트를 뿌려 낸다.

본문 P.46

브라운 스톡

시험시간 **30분**

제출 전 **Check**
☑ 스톡의 색
☑ 200ml 이상 제출

① 소뼈의 고기, 잔여 기름, 막 등을 최대한 제거한 후 찬물에 담가 핏물을 제거한다.
② 토마토는 칼집을 낸 후 끓는 물에 데쳐 껍질과 씨를 제거하고, 굵직하게 다진다.
③ 셀러리, 양파, 당근은 일정한 굵기로 채 썬다.
④ 사세 데피스 만들기: 통후추, 월계수잎, 정향, 파슬리 줄기를 다시백에 넣고 면실로 묶는다.
⑤ 냄비에 버터와 식용유를 약간 두르고 소 뼈를 갈색이 나도록 굽는다.
⑥ 채 썬 셀러리, 양파, 당근을 넣어 진한 갈색으로 볶는다.
⑦ 물 3컵과 소 뼈, 볶은 채소, 다진 토마토, 사세 데피스를 넣고 끓인 후 면포에 걸러 200ml 이상을 담아낸다.

본문 P.49

쉬림프 카나페

본문 P.43

재료

- 새우 4마리
- 달걀 1개
- 양파 1/8개
- 레몬 1/8개
- 셀러리 15g
- 소금 5g
- 이쑤시개 1개
- 식빵 1조각
- 파슬리 1줄기
- 토마토 케첩 10g
- 당근 15g
- 버터 30g
- 흰후춧가루 2g

요구사항

1. 새우는 내장을 제거한 후 미르포아(Mire-Poix)를 넣고 삶아서 껍질을 제거하시오.
2. 달걀은 완숙으로 삶아 사용하시오.
3. 식빵은 직경 4cm의 원형으로 하고 쉬림프 카나페를 4개 제출하시오.

샐러드 부케를 곁들인 참치타르타르와 채소 비네그레트

본문 P.46

재료

- 붉은색 참치살(냉동 지급) 80g
- 차이브(또는 실파) 5줄기
- 롤라로사(또는 잎상추) 2잎
- 붉은색 파프리카 1/4개
- 노란색 파프리카 1/8개
- 오이 1/10개
- 레몬 1/4개
- 파슬리 1줄기
- 양파 1/8개
- 그린 올리브 2개
- 처빌 2줄기
- 케이퍼 5개
- 그린 치커리 2줄기
- 올리브오일 25ml
- 식초 10ml
- 흰후춧가루 3g
- 딜 3줄기
- 핫소스 5ml
- 꽃소금 5g

요구사항

1. 참치는 꽃소금을 사용하여 해동하고, 3~4mm도의 작은 주사위 모양으로 썰어 양파, 그린 올리브, 케이퍼, 처빌 등을 이용하여 타르타르를 만드시오.
2. 채소를 이용하여 샐러드 부케를 만드시오.
3. 참치타르타르는 테이블 스푼 2개를 사용하여 퀜넬(quenelle) 형태로 3개를 만드시오.
4. 비네그레트는 양파, 붉은색과 노란색의 파프리카, 오이를 가로·세로 2mm의 작은 주사위 모양으로 썰어서 사용하고 파슬리와 딜은 다져서 사용하시오.

브라운 스톡

본문 P.49

재료

- 소뼈 150g
- 셀러리 30g
- 토마토 1개
- 파슬리 1줄기
- 다시백 1개
- 월계수잎 1잎
- 식용유 50ml
- 양파 1/2개
- 당근 40g
- 검은 통후추 4개
- 다임 1줄기
- 정향 1개
- 버터 5g
- 면실 30cm

요구사항

1. 스톡은 맑고, 갈색이 되도록 하시오.
2. 소뼈는 찬물에 담가 핏물을 제거한 후 구워서 사용하시오.
3. 향신료로 사세 데피스(Sachet d'epice)를 만들어 사용하시오.
4. 완성된 스톡의 양이 200ml 이상 되도록 하여 볼에 담아내시오.

미네스트로니 수프

시험시간 **30**분

제출 전 Check
☑ 각 재료의 크기　☑ 수프의 농도
☑ 국물과 고형물의 비율

❶ 베이컨은 **사방 1.2cm**로 썰어 끓는 물에 데친다.
❷ 스파게티는 끓는 물에 소금을 넣어 삶은 후 1.2cm로 자르고, 스트링빈스는 1.2cm로 썰어 완두콩과 함께 데친다.
❸ 토마토는 껍질과 씨를 제거한 후 0.5cm로 자른다.
❹ 무, 양파, 셀러리, 양배추, 당근은 **사방 1.2cm**로 자른 후, 버터를 두른 냄비에 다진 마늘, 양파, 당근, 무, 셀러리, 양배추 순으로 넣고 볶는다.
❺ 토마토 페이스트를 넣고 볶다가 치킨 스톡(또는 물) 1.5컵과 **부케가르니**를 넣고 끓인다. ＊부케가르니: 양파, 월계수잎, 정향
❻ 토마토, 베이컨 → 스트링빈스, 완두콩, 스파게티 면 순으로 넣고 끓이다가 부케가르니를 건져내고 소금, 후로로 간을 한다.
❼ 완성 그릇에 수프 200ml 이상을 담고 **파슬리 가루**를 뿌려 낸다. 본문 P.51

피쉬 차우더 수프

시험시간 **30**분

제출 전 Check
☑ 피쉬 스톡 사용　☑ 수프의 농도
☑ 200ml 이상 제출

❶ 감자, 양파, 셀러리, 베이컨은 **0.7cm × 0.7cm × 0.1cm**로 썰고, 감자는 찬물에 담가 두었다가 버터를 두른 팬에 베이컨, 양파, 감자, 셀러리 순으로 볶는다.
❷ 생선살은 사방 1.2cm로 썰고, 물 2컵을 넣고 끓인 후 면포에 걸러 생선살과 피쉬 스톡을 각각 준비한다.
❸ 버터와 밀가루를 동량으로 넣고 약불에서 볶아 화이트 루를 만든다.
❹ 화이트 루에 스톡과 우유를 조금씩 넣어 풀어주고 **부케가르니**를 넣는다.
＊부케가르니: 양파, 월계수잎, 정향
❺ 준비한 재료를 넣고 끓이다가 생선살을 넣고 소금과 흰후춧가루로 간을 한다.
❻ 부케가르니를 건져내고, **200ml 이상**을 완성 그릇에 담아낸다. 본문 P.54

프렌치 어니언 수프

시험시간 **30**분

제출 전 Check
☑ 수프의 색과 농도
☑ 200ml 이상 제출

❶ 양파는 5cm 길이로 곱게 채 썬다.
❷ 다진 마늘과 파슬리, 버터를 섞어 **마늘버터**를 만든 후 바게트빵의 한쪽 면에 발라 노릇하게 굽고, 위에 파마산 치즈를 뿌린다.
❸ 버터를 두른 냄비에 물을 조금씩 넣어가며 양파가 타지 않게 볶다가 백포도주 1큰술을 넣는다.
❹ 양파가 색이 나면 스톡(또는 물) 1.5컵을 넣고 끓인다.
❺ 끓으면 약불로 줄이고 거품을 제거하면서 끓이다가 소금과 후추로 간을 한다.
❻ 완성 그릇에 수프 200ml 이상을 담고, **바게트빵을 따로** 담아낸다.

본문 P.56

포테이토 크림 수프

시험시간 **30**분

제출 전 Check
☑ 수프의 색과 농도　☑ 200ml 이상 제출
☑ 크루톤 얹기

❶ 감자는 껍질과 싹을 도려낸 후 얇게 편으로 썰어 찬물에 담가 둔다.
❷ 양파와 대파 흰 부분을 곱게 채 썬다.
❸ 버터를 두른 냄비에 양파와 대파를 볶다가 물기를 제거한 감자를 넣어 볶는다.
❹ 감자가 투명해지면 물 3컵과 월계수잎을 넣고 끓인다.
❺ 감자가 충분히 익고 되직해지면 월계수잎을 건져 내고 체에 내린다.
❻ 소금과 흰후춧가루로 간을 한 후 살짝 끓이고 생크림을 넣어 저어 준다.
❼ 식빵은 가장자리를 자르고, **사방 0.8~1cm**로 자른 후 버터를 두른 팬에 굽는다.
❽ 완성 그릇에 수프 200ml 이상을 담고, **크루톤**을 얹어낸다.

본문 P.58

미네스트로니 수프

재료

- 양파 1/4개
- 토마토 1/8개
- 스트링빈스 2줄기
- 스파게티 2가닥
- 베이컨 1/2조각
- 마늘 1쪽
- 정향 1개
- 양배추 40g
- 월계수잎 1잎
- 소금 2g
- 당근 40g
- 무 10g
- 완두콩 5알
- 파슬리 1줄기
- 치킨 스톡(또는 물) 200ml
- 검은 후춧가루 2g
- 셀러리 30g
- 토마토 페이스트 15g
- 버터 5g

요구사항

1. 채소는 사방 1.2cm, 두께 0.2cm로 써시오.
2. 스트링빈스, 스파게티는 1.2cm의 길이로 써시오.
3. 국물과 고형물의 비율을 3:1로 하시오.
4. 전체 수프의 양은 200ml 이상으로 하고 파슬리 가루를 뿌려내시오.

본문 P.51

피쉬 차우더 수프

재료

- 대구살(해동 지급) 50g
- 베이컨 1/2조각
- 셀러리 30g
- 밀가루(중력분) 15g
- 월계수잎 1잎
- 소금 2g
- 감자 1/4개
- 양파 1/6개
- 버터 20g
- 우유 200ml
- 정향 1개
- 흰후춧가루 2g

요구사항

1. 차우더 수프는 화이트 루(Roux)를 이용하여 농도를 맞추시오.
2. 채소는 0.7cm × 0.7cm × 0.1cm, 생선은 1cm × 1cm × 1cm 크기로 써시오.
3. 대구살을 이용하여 생선 스톡을 만들어 사용하시오.
4. 수프는 200ml 이상 제출하시오.

본문 P.54

프렌치 어니언 수프

재료

- 양파 1개
- 마늘 1쪽
- 버터 20g
- 백포도주 15ml
- 맑은 스톡(비프 스톡 또는 콘소메, 또는 물) 270ml
- 바게트빵 1조각
- 파슬리 1줄기
- 파마산 치즈가루 10g
- 소금 2g
- 검은 후춧가루 1g

요구사항

1. 양파는 5cm 크기의 길이로 일정하게 써시오.
2. 바게트빵에 마늘버터를 발라 구워서 따로 담아내시오.
3. 수프의 양은 200ml 이상 제출하시오.

본문 P.56

포테이토 크림 수프

재료

- 감자 1개
- 대파 1토막
- 양파 1/4개
- 버터 15g
- 치킨 스톡(또는 물) 270ml
- 생크림 20ml
- 식빵 1조각
- 월계수잎 1잎
- 소금 2g
- 흰후춧가루 1g

요구사항

1. 크루톤(Crouton)의 크기는 사방 0.8~1cm로 만들어 버터에 볶아 수프에 띄우시오.
2. 익힌 감자는 체에 내려 사용하시오.
3. 수프의 색과 농도에 유의하고 200ml 이상 제출하시오.

본문 P.58

스페니쉬 오믈렛

시험시간 30분

❶ 양송이, 양파, 피망, 베이컨, 껍질과 씨를 제거한 토마토를 0.5cm 정도로 자른다.

❷ 버터를 두른 팬에 베이컨, 양파, 양송이, 피망, 토마토 순으로 넣고 볶는다.

❸ 토마토 케첩 1큰술을 넣고 볶다가 소금과 후추로 간을 한다.

❹ 달걀 3개에 소금을 넣고 저어 알끈을 끊어 준 후 생크림 2작은술을 넣어 체에 내린다.

❺ 팬에 버터와 식용유를 두르고 열이 오르면 달걀물을 부어 **나무젓가락**으로 스크램블 에그를 만든다.

❻ 불을 약하게 줄인 후 볶은 재료를 고르게 올리고, 천천히 밀면서 만다.

❼ **타원형**으로 모양을 잡아준 후 완성 접시에 담아낸다.

제출 전 Check
☑ 오믈렛 모양
☑ 속재료의 크기

본문 P.61

치킨 알라 킹

시험시간 30분

❶ 닭 다리는 살을 발라내고 껍질을 벗겨 2cm × 2cm 크기로 썬다.

❷ **치킨 스톡** 만들기: 버터를 두른 냄비에 닭뼈를 볶다가 물 2컵, 양파 약간을 넣고 끓인 후 면포에 거른다.

❸ 겉껍질을 벗긴 양송이, 양파, 청피망, 홍피망은 1.8cm × 1.8cm로 썬다.

❹ 버터를 두른 팬에 양송이, 양파, 청피망, 홍피망, 닭고기 순으로 볶는다.

❺ 냄비에 버터와 밀가루를 동량으로 넣고 약불에서 볶아 **화이트 루**를 만든 후 치킨 스톡과 우유를 조금씩 넣어가며 **베샤멜 소스**를 만든다.

❻ 부케가르니를 넣고 끓이다가 볶은 재료를 넣어 끓인다.

* 부케가르니: 양파, 월계수잎, 정향

❼ 부케가르니를 건져내고, 생크림 1큰술과 소금, 흰후춧가루로 간을 한 후 담아낸다.

제출 전 Check
☑ 소스의 색과 농도
☑ 각 재료의 크기

본문 P.64

치킨 커틀렛

시험시간 30분

❶ 닭 다리는 깨끗이 씻어 물기를 제거하고, 뼈를 발라낸다.

❷ 0.8cm 두께로 펼친 후 **칼집을 많이 넣어 두드려 주고, 소금과 후추로 간한다.**

❸ 마른 빵가루는 수분을 약간 넣어 촉촉하게 만든다.

❹ 손질한 닭에 밀가루, 달걀물, 빵가루 순으로 묻힌 후 꾹꾹 눌러가며 모양을 만든다.

❺ 170~180℃로 달군 기름에 닭고기를 넣어 속은 익고, 겉은 황금 갈색이 나도록 **딥 팻 프라이**한다.

❻ 커틀렛을 냅킨에 올려 기름기를 제거한 후 완성 접시에 담아낸다.

제출 전 Check
☑ 닭 껍질 제거 X
☑ 커틀렛의 색

본문 P.66

스파게티 카르보나라

시험시간 30분

❶ 냄비에 물과 식용유, 소금을 넣고 스파게티 면을 7~9분간 **알 단테**로 삶는다.

❷ 생크림 3큰술과 달걀 노른자 1개를 섞어 리에종 소스를 만든다.

❸ 올리브오일과 버터를 약간 두른 팬에 으깬 통후추를 넣고 볶다가 사방 1cm 정도로 썬 베이컨을 넣어 볶는다.

❹ 스파게티 면을 넣어 볶다가 생크림을 넣어 끓인 후 **리에종 소스**를 조금씩 넣어 농도를 맞춘다.

❺ 다진 파슬리와 파마산 치즈가루 약간을 넣어 섞고, 소금으로 간을 한다.

❻ 완성 접시에 담고 다진 파슬리와 으깬 통후추를 뿌려낸다.

제출 전 Check
☑ 알 단테로 삶기
☑ 소스의 농도

본문 P.68

실선에 따라 자르고, 점선에 따라 접어서 사용하세요.

스페니쉬 오믈렛

재료

- 달걀 3개
- 양파 1/6개
- 양송이(1개) 10g
- 토마토 케첩 20g
- 생크림 20ml
- 버터 20g
- 토마토 1/4개
- 청피망 1/6개
- 베이컨 1/2조각
- 검은 후춧가루 2g
- 식용유 20ml
- 소금 5g

요구사항

❶ 토마토, 양파, 청피망, 양송이, 베이컨은 0.5cm의 크기로 썰어 오믈렛 소를 만드시오.
❷ 소가 흘러나오지 않도록 하시오.
❸ 소를 넣어 나무젓가락과 팬을 이용하여 타원형으로 만드시오.

치킨 알라 킹

재료

- 닭 다리 1개
- 청피망 1/4개
- 밀가루(중력분) 15g
- 월계수잎 1잎
- 버터 20g
- 정향 1개
- 흰후춧가루 2g
- 양파 1/6개
- 홍피망 1/6개
- 생크림 20ml
- 양송이(2개) 20g
- 우유 150ml
- 소금 2g

요구사항

❶ 완성된 닭고기와 채소, 버섯의 크기는 1.8cm × 1.8cm로 균일하게 하시오.
❷ 닭 뼈를 이용하여 치킨 육수를 만들어 사용하시오.
❸ 화이트 루(Roux)를 이용하여 베샤멜 소스(Bechamel Sauce)를 만들어 사용하시오.

본문 P.64

치킨 커틀렛

재료

- 닭 다리 1개
- 빵가루(마른 것) 50g
- 달걀 1개
- 밀가루(중력분) 30g
- 식용유 500ml
- 소금 2g
- 검은 후춧가루 2g
- 냅킨(흰색, 기름 제거용) 2장

요구사항

❶ 닭은 껍질째 사용하시오.
❷ 완성된 커틀렛의 색에 유의하고 두께는 1cm로 하시오.
❸ 딥 팻 프라이(Deep Fat Frying)로 하시오.

본문 P.66

스파게티 카르보나라

재료

- 스파게티 면(건조면) 80g
- 올리브오일 20ml
- 생크림 180ml
- 달걀 1개
- 파슬리 1줄기
- 식용유 20ml
- 버터 20g
- 베이컨 2개
- 파마산 치즈가루 10g
- 검은 통후추 5개
- 소금 5g

요구사항

❶ 스파게티 면은 al dante(알 단테)로 삶아서 사용하시오.
❷ 파슬리는 다지고 통후추는 곱게 으깨서 사용하시오.
❸ 베이컨은 1cm 크기로 썰어, 으깬 통후추와 볶아서 향이 잘 우러나게 하시오.
❹ 생크림은 달걀 노른자를 이용한 리에종(Liaison)과 소스에 사용하시오.

본문 P.68

실선에 따라 자르고, 점선에 따라 접어서 사용하세요.

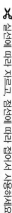

서로인 스테이크

시험시간 30분

제출 전 Check
- ☑ 스테이크의 색
- ☑ 더운 채소의 색

❶ 소고기 손질: 핏물 제거 → 지방과 힘줄 제거 → 가장자리를 다듬고, 앞·뒤로 잔칼집 넣기 → 소금, 후추로 밑간하기 → 식용유 발라두기

❷ 시금치는 끓는 물에 소금을 넣은 후 데쳐 찬물에 식히고, 4cm 정도로 잘라 버터를 두른 팬에 다진 양파와 볶는다.

❸ 감자는 5cm × 0.7cm × 0.7cm로 썰고, 당근은 두께 0.5cm, 지름 3~4cm의 원형으로 썰어 가장자리를 돌려 깎은 후 1분 30초 정도 삶는다.

❹ 감자는 170℃의 기름에서 튀겨 소금, 후추로 간을 하고, 당근은 버터 1작은술, 설탕 1큰술, 물 2큰술, 소금을 넣고 윤기 나게 조린다.

❺ 팬에 식용유를 두르고, 소고기를 앞·뒤로 지진 후 **미디엄**으로 익힌다.

❻ 감자, 시금치, 당근을 담고, 가운데 스테이크를 담아낸다.

본문 P.70

시저 샐러드

시험시간 35분

제출 전 Check
- ☑ 소스 별도 제출
- ☑ 곁들임

❶ 가장자리를 제거한 식빵은 1cm로 썰고, 올리브오일을 두른 팬에 볶아 크루톤을 만든다.

❷ 달걀 노른자에 카놀라 오일을 조금씩 넣어가며 거품기로 젓고, 레몬즙과 화이트 와인 식초로 농도를 맞춘다.

❸ 디존 머스타드 일부를 섞어 **제출용 100g**을 담아 둔다.

❹ 남은 마요네즈에 다진 마늘, 다진 앤초비, 파미지아노 레기아노 가루와 소금, 후추, 디존 머스타드를 넣어 시저 드레싱을 만들어 **제출용 100g**을 담아 둔다.

❺ 로메인 상추는 물에 담가 두었다가 물기를 제거하고 시저 드레싱에 버무린 후 위에 베이컨과 크루톤, 파미지아노 레기아노 가루를 얹어 완성한다.

본문 P.76

토마토 소스 해산물 스파게티

시험시간 35분

제출 전 Check
- ☑ 알 단테로 삶기
- ☑ 소스의 농도

❶ 모시조개는 소금물에 해감시키고, 새우, 오징어살, 관자는 씻어 놓는다.

❷ 양파와 마늘은 곱게 다진다.

❸ 방울토마토는 열십자로 칼집을 넣어 끓는 물에 데친 후 껍질을 제거하고 캔 토마토 홀은 다진다.

❹ 새우는 머리와 내장, 껍질을 제거하고, 오징어는 껍질을 벗긴 후 **0.8cm × 5cm** 정도로 썬다.

❺ 관자는 얇은 막을 제거한 후 편으로 썬다.

❻ 스파게티 면은 식용유와 소금을 넣고 7~9분간 알 단테로 삶는다.

❼ 팬에 올리브오일을 두르고 다진 양파, 다진 마늘, 다진 캔 토마토, 바질 일부를 넣고 끓이다가 소금, 흰후춧가루로 간을 해 토마토 소스를 만든다.

---

❽ 올리브오일을 두른 팬에 다진 마늘과 다진 양파, 해산물 순으로 넣어 볶다가 화이트 와인을 넣고 익힌다.

❾ ❽에 방울토마토와 토마토 소스를 넣고 끓이다가 삶은 스파게티 면을 넣고, 소금, 흰후춧가루로 간을 한 후 담아 다진 파슬리와 채 썬 바질을 얹어낸다.

본문 P.79

서로인 스테이크

재료

- 소고기 200g
- 감자 1/2개
- 당근 70g
- 시금치 70g
- 양파 1/6개
- 버터 50g
- 식용유 150ml
- 흰설탕 25g
- 소금 2g
- 검은 후춧가루 1g

요구사항

❶ 스테이크는 미디엄(Medium)으로 구우시오.
❷ 더운 채소(당근, 감자, 시금치)를 각각 모양 있게 만들어 함께 내시오.

본문 P.70

시저 샐러드

재료

- 로메인 상추 50g
- 올리브오일 20ml
- 식빵(슬라이스) 1개
- 마늘 1쪽
- 앤초비 3개
- 파미지아노 레기아노 20g
- 검은 후춧가루 5g
- 달걀 2개
- 카놀라오일 300ml
- 레몬 1개
- 베이컨 15g
- 디존 머스타드 10g
- 화이트 와인 식초 20ml
- 소금 10g

요구사항

❶ 마요네즈(100g 이상), 시저 드레싱(100g 이상), 시저 샐러드(전량)를 만들어 3가지를 각각 별도의 그릇에 담아 제출하시오.
❷ 마요네즈(Mayonnaise)는 달걀 노른자, 카놀라 오일, 레몬즙, 디존 머스타드, 화이트 와인 식초를 사용하여 만드시오.
❸ 시저 드레싱(Caesar Dressing)은 마요네즈, 마늘, 앤초비, 검은 후춧가루, 파미지아노 레기아노, 올리브오일, 디존 머스타드, 레몬즙을 사용하여 만드시오.
❹ 파미지아노 레기아노는 강판이나 채칼을 사용하시오.
❺ 시저 샐러드(Caesar Salad)는 로메인 상추, 곁들임(크루톤(1cm × 1cm), 구운 베이컨(폭 0.5cm), 파미지아노 레기아노), 시저 드레싱을 사용하여 만드시오.

본문 P.76

토마토 소스 해산물 스파게티

재료

- 스파게티 면(건조면) 70g
- 모시조개(또는 바지락) 3개
- 오징어(몸통) 50g
- 관자살 1개
- 캔 토마토 300g
- 양파 1/2개
- 방울토마토 2개
- 새우(껍질 있는 것) 3마리
- 마늘 3쪽
- 바질 4잎
- 파슬리 1줄기
- 식용유 20ml
- 올리브오일 40ml
- 화이트 와인 20ml
- 소금 5g
- 흰후춧가루 5g

요구사항

❶ 스파게티 면은 al dante(알 단테)로 삶아서 사용하시오.
❷ 조개는 껍데기째, 새우는 껍질을 벗겨 내장을 제거하고, 관자살은 편으로 썰고, 오징어는 0.8cm × 5cm 크기로 썰어 사용하시오.
❸ 해산물은 화이트 와인을 사용하여 조리하고, 마늘과 양파는 해산물 조리와 토마토 소스 조리에 나누어 사용하시오.
❹ 바질을 넣은 토마토 소스를 만들어 사용하시오.
❺ 스파게티는 토마토 소스에 버무리고 다진 파슬리와 슬라이스한 바질을 넣어 완성하시오.

본문 P.79

비프 스튜

시험시간 **40분**

❶ 마늘은 다지고, 당근, 감자, 양파, 셀러리는 1.8cm × 1.8cm로 썬 후 당근과 감자는 모서리를 돌려 깎는다. 감자는 물에 담가 전분기를 제거한다.
❷ 소고기는 사방 2cm로 썰어 핏물을 제거하고, 소금과 후추로 밑간을 한다.
❸ 소고기에 밀가루를 고르게 묻혀 준비한다.
❹ 버터를 두른 팬에 양파, 셀러리, 당근을 볶고 다진 마늘을 볶다가 ❸의 소고기를 굽는다.
❺ 냄비에 버터를 녹인 후 밀가루를 넣어 브라운 루를 만들고, 토마토 페이스트를 넣어 브라운 루와 잘 섞이도록 볶는다.
❻ 물을 넣어 덩어리를 잘 풀어주며 끓이다가 소고기와 채소, 부케가르니를 넣어 걸쭉할 때까지 끓인다.   * 부케가르니: 양파, 월계수잎, 정향, 파슬리 줄기
❼ 부케가르니를 건져낸 후 소금, 후추로 간을 하고 담아 파슬리 가루를 뿌려 낸다.
본문 P.82

비프 콘소메

시험시간 **40분**

❶ 양파는 1cm 두께의 링으로 썬 후 남은 양파와 당근, 셀러리는 일정한 굵기로 채 썬다.
❷ 달걀 흰자는 거품기로 충분히 저어 거품을 낸다.
❸ 토마토는 끓는 물에 데친 후 껍질과 씨를 제거하고 다진다.
❹ 링으로 썬 양파는 팬에 갈색이 나도록 구워 어니언 브루리를 만든다.
❺ 채 썬 채소와 다진 소고기, 다진 토마토, 흰자 휘핑을 섞은 다음 물 3컵과 월계수잎, 파슬리, 정향, 통후추를 넣고 끓으면 어니언 브루리를 넣고 끓인다.
❻ 소금, 후추로 간을 한 후 면포에 걸러 200ml 이상을 담아낸다.

본문 P.85

살리스버리 스테이크

시험시간 **40분**

❶ 다진 소고기는 더 곱게 다진 후 키친타월에 올려 핏물을 제거한다.
❷ 시금치는 소금물에 데치고, 찬물에 식힌 후 4cm 정도로 잘라, 버터를 두른 팬에 다진 양파와 볶는다.
❸ 감자는 5cm × 0.7cm × 0.7cm로, 당근은 두께 0.5cm, 지름 3~4cm의 원형으로 썰어 가장자리를 돌려 깎은 후 1분 30초 정도 삶는다.
❹ 감자는 170℃의 기름에서 튀겨 소금으로 간을 하고, 당근은 버터 1작은술, 설탕 1큰술, 물 2큰술, 소금을 넣고 윤기나게 조린다.
❺ 다진 소고기, 다져서 볶은 양파, 우유 1큰술, 빵가루 1큰술, 달걀물 1큰술, 소금, 후추를 섞어 충분히 치댄 후 두께 0.8cm 정도의 긴 타원형으로 만들어 팬에 익힌다.
❻ 감자, 시금치, 당근을 담고, 가운데 스테이크를 담아낸다.
본문 P.88

바베큐 폭찹

시험시간 **40분**

❶ 돼지갈비는 핏물과 기름기를 제거한 후 1cm 정도 두께로 포를 뜨고, 칼집을 넣는다.
❷ 소금, 후추로 간을 한 후 앞·뒤로 밀가루를 묻혀 식용유를 두른 팬에 굽는다.
❸ 버터를 두른 냄비에 다진 마늘과 양파, 셀러리를 볶다가 토마토 케첩 2큰술을 넣고 볶는다.
❹ 물 2/3컵, 핫소스 1작은술, 황설탕 1작은술, 레몬즙, 월계수잎, 우스터 소스 1작은술, 식초 1작은술 순으로 넣고 끓인다.
❺ 소스에 갈비와 월계수잎을 넣고 소스를 끼얹어가며 익히다가 월계수잎을 건져 내고 소금, 후추로 간을 한다.
❻ 완성 접시에 갈비를 담고, 소스를 끼얹어 낸다.
본문 P.91

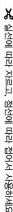

비프 스튜

재료

- 소고기 100g
- 양파 1/4개
- 셀러리 30g
- 밀가루(중력분) 25g
- 마늘 1쪽
- 정향 1개
- 소금 2g
- 당근 70g
- 파슬리 1줄기
- 감자 1/3개
- 토마토 페이스트 20g
- 월계수잎 1잎
- 버터 30g
- 검은 후춧가루 2g

요구사항

❶ 완성된 소고기와 채소의 크기는 1.8cm의 정육면체로 하시오.
❷ 브라운 루(Brown Roux)를 만들어 사용하시오.
❸ 파슬리 다진 것을 뿌려 내시오.

본문 P.82

비프 콘소메

재료

- 소고기 70g
- 당근 40g
- 달걀 1개
- 월계수잎 1잎
- 정향 1개
- 검은 후춧가루 2g
- 비프 스톡(또는 육수, 물) 500ml
- 양파 1개
- 셀러리 30g
- 파슬리 1줄기
- 토마토 1/4개
- 소금 2g
- 검은 통후추 1개

요구사항

❶ 어니언 브루리(Onion Brulee)를 만들어 사용하시오.
❷ 양파를 포함한 채소는 채 썰어 향신료, 소고기, 달걀 흰자 머랭과 함께 섞어 사용하시오.
❸ 수프는 맑고 갈색이 되도록 하여 200ml 이상 제출하시오.

본문 P.85

살리스 버리 스테이크

재료

- 소고기 130g
- 달걀 1개
- 빵가루(마른 것) 20g
- 당근 70g
- 버터 50g
- 흰설탕 25g
- 검은 후춧가루 2g
- 양파 1/6개
- 우유 10ml
- 감자 1/2개
- 시금치 70g
- 식용유 150ml
- 소금 2g

요구사항

❶ 살리스버리 스테이크는 타원형으로 만들어 고기 앞, 뒤의 색을 갈색으로 구우시오.
❷ 더운 채소(당근, 감자, 시금치)를 각각 모양 있게 만들어 곁들여 내시오.

본문 P.88

바베큐 폭찹

재료

- 돼지갈비 200g
- 밀가루(중력분) 10g
- 토마토 케첩 30g
- 양파 1/4개
- 핫소스 5ml
- 식초 10ml
- 식용유 30ml
- 소금 2g
- 비프 스톡(또는 육수, 물) 200ml
- 월계수잎 1잎
- 레몬 1/6개
- 우스터 소스 5ml
- 셀러리 30g
- 버터 10g
- 마늘 1쪽
- 황설탕 10g
- 검은 후춧가루 2g

요구사항

❶ 고기는 뼈가 붙은 채로 사용하고 고기의 두께는 1cm로 하시오.
❷ 양파, 셀러리, 마늘은 다져 소스로 만드시오.
❸ 완성된 소스는 농도에 유의하고 윤기가 나도록 하시오.

본문 P.90

2021
에듀윌 조리기능사
실기 양식

머리말

예비 조리기능사들을 위한 저자의 메시지

❝ 실전에 딱 맞춘 교재, 합격을 위한 구성
한 번에 합격하는 조리기능사 실기 ❞

한 번에 가는 합격으로의 지름길

내가 먹는 음식은 단순히 생명유지만을 위한 것은 아니다. 음식은 하나의 문화이고 역사가 될 수 있는 일이다. 이에 본서를 통해 우리 음식의 우수성과 조리의 원리, 기초 조리 요령 등을 알아 갔으면 한다.

조리학을 전공하고 수많은 강의 경험과 조리기능사 실기시험을 감독하며 지켜봐 왔던 수험자들이 지닌 다양한 변수를 참고하여 시간분배 요령과 조리기술 등 실전 노하우에 중점을 두어 본서를 집필하였다.

조리기능사 자격증 취득을 위해 노력하는 모든 분들의 쉽고 빠른 이해를 돕고자 하였으니 부디 좋은 결과가 있기를 고대한다. 아울러 자격증 취득뿐 아니라 요리를 통해 많은 사람들과 나눔의 기쁨을 누리길 기대해본다.

김자경

- 세종대학교 대학원 조리 · 외식경영학과 조리학 박사
- 김자경 외식경영연구소 대표
- 경동대학교 겸임교수
- 조리기능장, 조리기능사, 조리산업기사 실기 감독위원

예비 조리기능사들의 합격의 길잡이

같은 식재료에 같은 조리환경이라도 누가 만들었느냐에 따라 각양각색의 맛과 색, 모양을 가진다. 사람마다 자신만의 방법으로 조리를 하지만 시험에는 정해진 조리방법과 규칙이 있어 아무리 맛있고 보기 좋은 음식일지라도 시험에 정해진 규칙을 따르지 않으면 채점 대상에서 아예 제외되기도 한다.

본서는 다년간의 조리기능사 실기시험 감독과 조리교육 경험을 가진 조리기능장으로서 수험생들이 좀 더 정확하고 체계적인 작품을 만들어 낼 수 있도록 조리과정을 쉽게 정리해 놓았다. 본서가 조리기능사 자격증을 취득하고자 하는 수험생 여러분의 최고의 길잡이가 되어 합격의 꿈을 이루길 기원한다.

송은주

- 경기대학교 대학원 외식조리학과 관광학 박사
- 백석문화대학교 외식산업학부 외래교수
- 유한대학교 외식조리학과 외래교수
- 조리기능장, 조리기능사, 조리산업기사 실기시험 감독위원

전문 조리인을 위한 디딤돌

본서는 한국산업인력공단에서 시행하는 조리기능사 실기시험의 공개문제의 출제기준과 요구사항, 채점기준에 입각하여 집필하였다. 또한 조리기능사 자격증 취득을 위해 간결하고, 보다 정확하게 기술하여 시험에 최적화된 교재를 집필하기 위해 정진하였다.

다년간의 경험을 바탕으로 합격에 쉽게 다가갈 수 있도록, 재료 손질법부터 조리과정별 사진과 설명, 조리 TIP을 보다 자세히 서술하였다. 본서를 통해 조리의 가장 기본적인 기초 확립과 기능 습득을 바탕으로 조리기능사 자격증 취득은 물론 자신감과 창의력을 겸비한 조리 학도가 될 수 있을 것이다.

전문성을 요구하는 자격증의 수요가 나날이 증가하고 있다. 본서가 조리기능사로 입문하여 전문 직업인으로의 디딤돌이 되길 바란다.

김선희

· 단국대학교 대학원 식품영양정보학과 이학 석사   · 이화여자대학교 대학원 크레프트디자인학과 석사 과정
· 호서대학교 대학원 융합과학기술학과 박사 수료   · 조리기능사, 조리산업기사 실기 감독위원

교재활용 TIP

1 시험시간에 따른 구분

출제되는 두 과제는 시험시간에 따라 달라진다. 두 과제의 시험시간 합이 60~70분이 되도록 조합하여 연습하자!

2 조리 TIP

좀 더 빠르게, 좀 더 정확하게 조리하는 비법을 담았다. 해당 조리과정에서 기억해야 할 조리 TIP을 기억하자!

3 스탠드형 핵심요약집

실습하면서 무거운 책을 찾지 않아도 된다. 핵심요약집을 조리대에 세워놓고 연습하자!

4 저자직강 무료동영상

DVD와 온라인(에듀윌 도서몰)에서 제공되는 실제 시험과 동일한 구성의 무료동영상을 보고 실전 감각을 익히자!

시험
안내

🔔 원서접수 및 시험일정 [상시]

- 접수기간: 01.07. ~ 12.10. ＊회차별 상세 일정은 큐넷 홈페이지 참고
- 시험일정: 01.17. ~ 12.24.

🔔 응시료

- 필기: 14,500원
- 실기: 29,600원

🔔 출제기준

직무 분야	음식 서비스	중직무 분야	조리
자격종목	양식조리기능사	적용기간	2020.01.01.~2022.12.31.

· **직무내용**
양식 메뉴 계획에 따라 식재료를 선정, 구매, 검수, 보관 및 저장하며 맛과 영양을 고려하여 안전하고 위생적으로 음식을 조리하고 조리기구와 시설관리를 수행하는 직무이다.

· **수행준거**
1. 음식조리 작업에 필요한 위생 관련 지식을 이해하고, 주방의 청결상태와 개인위생·식품위생을 관리하여 전반적인 조리작업을 위생적으로 수행할 수 있다.
2. 주방에서 일어날 수 있는 사고와 재해에 대하여 안전기준 확인, 안전수칙 준수, 안전예방 활동을 할 수 있다.
3. 기본 칼 기술, 주방에서 업무수행에 필요한 조리기본 기능, 기본 조리방법을 습득하고 활용할 수 있다.
4. 육류, 어패류, 채소류 등을 활용하여 양식조리에 사용되는 육수를 조리할 수 있다.
5. 식욕을 돋우기 위한 요리로 육류, 어패류, 채소류 등을 활용하여 곁들여지는 소스 등을 조리할 수 있다.
6. 각종 샌드위치를 조리할 수 있다.
7. 어패류·육류·채소류·유제품류·가공식품류를 활용하여 단순 샐러드와 복합 샐러드, 각종 드레싱류를 조리할 수 있다.
8. 어패류·육류·채소류·유제품류·가공식품류를 활용하여 조식 등에 사용되는 각종 조식요리를 조리할 수 있다.

실기검정방법	작업형	시험시간	60분 정도

🔔 출제경향

• 요구작업: 지급된 재료를 갖고 요구하는 작품을 시험시간 내에 1인분을 만들어 내는 작업
• 주요 평가내용: 위생상태(개인 및 조리과정), 조리의 기술(기구취급, 동작, 순서, 재료 다듬기 방법), 작품의 평가, 정리정돈 및 청소

🔔 시험장 준비물

 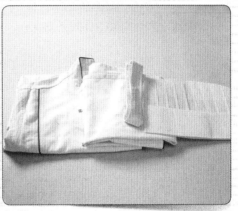

위생복, 위생모(또는 머리수건), 앞치마, 거품기, 계량스푼, 계량컵, 고무주걱, 나무주걱, 냄비, 나무젓가락, 랩, 호일, 소창(또는 면포), 쇠조리(혹은 체), 연어 나이프, 위생타올, 종이컵, 칼, 키친타올(종이), 테이블 스푼, 프라이팬, 상비의약품

※ 위생 복장을 착용하지 않을 경우 실격, 세부기준(흰색, 긴소매, 긴바지 등)을 준수하지 않을 경우 감점 처리됨
※ 길이를 측정할 수 있는 눈금 표시가 있는 조리기구 사용 불가

🔔 시험장 복장

 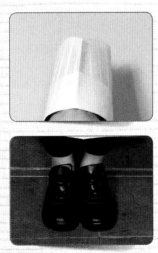

🍽 수험자 공통 유의 사항

1. 만드는 순서에 유의하며, 위생과 숙련된 기능평가를 위하여 조리작업 시 맛을 보지 않는다.
2. 지정된 수험자지참준비물 이외의 조리기구나 재료를 시험장 내에 지참할 수 없다.
3. 지급재료는 시험 전 확인하여 이상이 있을 경우 시험위원으로부터 조치를 받고 시험 중에는 재료의 교환 및 추가 지급은 하지 않는다.
4. 요구사항의 규격은 "정도"의 의미를 포함하며, 지급된 재료의 크기에 따라 가감하여 채점한다.
5. 위생복, 위생모, 앞치마를 착용하여야 하며, 시험장비 · 조리도구 취급 등 안전에 유의한다.
6. 다음 사항에 대해서는 채점대상에서 제외한다.
   ❶ 기권: 수험자 본인이 시험 도중 시험에 대한 포기 의사를 표현하는 경우
   ❷ 실격
   • 가스레인지 화구를 2개 이상(2개 포함) 사용한 경우
   • 불을 사용하여 만든 조리작품이 작품특성에 벗어나는 정도로 타거나 익지 않은 경우
   • 위생복, 위생모, 앞치마를 착용하지 않은 경우
   • 지정된 수험자지참준비물 이외의 조리기구를 사용한 경우
   • 시험 중 시설 · 장비(칼, 가스레인지 등) 사용 시 시험위원 및 타수험자의 시험 진행에 위해를 일으킬 것으로 시험위원 전원이 합의하여 판단한 경우
   ❸ 미완성
   • 시험시간 내에 과제 두 가지를 제출하지 못한 경우
   • 문제의 요구사항대로 과제의 수량이 만들어지지 않은 경우
   ❹ 오작
   • 구이를 조림 등으로 조리하여 완성품을 요구사항과 다르게 만든 경우
   • 해당 과제의 지급재료 이외의 재료를 사용하거나 석쇠 등 요구사항의 조리도구를 사용하지 않은 경우
   ❺ 요구사항에 표시된 실격, 미완성, 오작에 해당하는 경우
7. 항목별 배점은 위생상태 및 안전관리 5점, 조리기술 30점, 작품의 평가 15점이다.
8. 시험시간 전 가벼운 몸 풀기(스트레칭) 동작으로 긴장을 풀고 시험을 시작한다.

🍽 자격증 교부

• 수첩 형태의 자격증 발급
• 신청절차: http://q-net.or.kr 에서 발급을 신청한 후, 자격증 수령방법 선택(방문수령/우체국 배송)
• 접수기간: 합격자 발표 후 60일 이내로 권고
• 자격증 발급 수수료: 3,100원
• 문의전화: 1644-8000(월~금, 09:00~18:00)

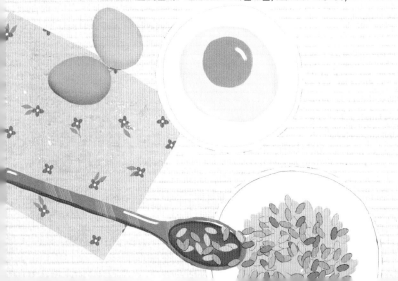

재료별 분류

해당 과제의 지급재료 이외의 재료 사용 시 '오작'으로 실격!

"실수하기 쉬운 재료를 꼼꼼히 파악하여 오작을 피하자!"

재료		과제
파슬리		타르타르 소스, 홀렌다이즈 소스, 프렌치 프라이드 쉬림프, 이탈리안 미트 소스, 포테이토 샐러드, 쉬림프 카나페, 샐러드 부케를 곁들인 참치타르타르와 채소 비네그레트, 브라운 스톡, 미네스트로니 수프, 프렌치 어니언 수프, 스파게티 카르보나라, 토마토 소스 해산물 스파게티, 비프 스튜, 비프 콘소메
셀러리		월도프 샐러드, 해산물 샐러드, 이탈리안 미트 소스, 브라운 그래비 소스, 햄버거 샌드위치, 쉬림프 카나페, 브라운 스톡, 미네스트로니 수프, 피쉬 차우더 수프, 비프 스튜, 비프 콘소메, 바베큐 폭찹
양파		타르타르 소스, 사우전 아일랜드 드레싱, 홀렌다이즈 소스, 해산물 샐러드, 이탈리안 미트 소스, 브라운 그래비 소스, 포테이토 샐러드, 햄버거 샌드위치, 쉬림프 카나페, 샐러드 부케를 곁들인 참치타르타르와 채소 비네그레트, 브라운 스톡, 미네스트로니 수프, 피쉬 차우더 수프, 프렌치 어니언 수프, 포테이토 크림 수프, 스페니쉬 오믈렛, 치킨 알라 킹, 서로인 스테이크, 토마토 소스 해산물 스파게티, 비프 스튜, 비프 콘소메, 살리스버리 스테이크, 바베큐 폭찹
레몬		월도프 샐러드, 타르타르 소스, 사우전 아일랜드 드레싱, 홀렌다이즈 소스, 프렌치 프라이드 쉬림프, 해산물 샐러드, 쉬림프 카나페, 샐러드 부케를 곁들인 참치타르타르와 채소 비네그레트, 바베큐 폭찹, 시저 샐러드
버터		치즈 오믈렛, 홀렌다이즈 소스, 이탈리안 미트 소스, 브라운 그래비 소스, 햄버거 샌드위치, 쉬림프 카나페, 브라운 스톡, 미네스트로니 수프, 피쉬 차우더 수프, 프렌치 어니언 수프, 포테이토 크림 수프, 스페니쉬 오믈렛, 치킨 알라 킹, 스파게티 카르보나라, 서로인 스테이크, 비프 스튜, 살리스버리 스테이크, 바베큐 폭찹
후추	검은 후춧가루	이탈리안 미트 소스, 브라운 그래비 소스, 베이컨, 레터스, 토마토 샌드위치, 햄버거 샌드위치, 미네스트로니 수프, 프렌치 어니언 수프, 스페니쉬 오믈렛, 치킨 커틀렛, 서로인 스테이크, 비프 스튜, 비프 콘소메, 살리스버리 스테이크, 바베큐 폭찹, 시저 샐러드
	흰 후춧가루	월도프 샐러드, 타르타르 소스, 사우전 아일랜드 드레싱, 홀렌다이즈 소스, 프렌치 프라이드 쉬림프, 해산물 샐러드, 포테이토 샐러드, 쉬림프 카나페, 샐러드 부케를 곁들인 참치타르타르와 채소 비네그레트, 피쉬 차우더 수프, 포테이토 크림 수프, 치킨 알라 킹, 토마토 소스 해산물 스파게티
월계수잎		홀렌다이즈 소스, 해산물 샐러드, 토마토 소스, 이탈리안 미트 소스, 브라운 그래비 소스, 브라운 스톡, 미네스트로니 수프, 피쉬 차우더 수프, 포테이토 크림 수프, 치킨 알라 킹, 비프 스튜, 비프 콘소메, 바베큐 폭찹
토마토 페이스트		이탈리안 미트 소스, 브라운 그래비 소스, 미네스트로니 수프, 비프 스튜
정향		브라운 그래비 소스, 브라운 스톡, 미네스트로니 수프, 피쉬 차우더 수프, 치킨 알라 킹, 비프 스튜, 비프 콘소메

차례

실습 시 두 과제의 시험시간
합이 60~70분 정도가 되도록
다른 두 PART의 과제를 같이 연습하자!

교재에 수록된
무료동영상 강의

PART 01 시험시간 25분 이하

PART 02 시험시간 30분

PART 03 시험시간 35분 이상

[특별제공] 과년도 폐지 과제

DVD 목차

PART 01

시험시간 25분 이하

- 월도프 샐러드

- 타르타르 소스

- 사우전 아일랜드 드레싱

- 치즈 오믈렛

- 홀렌다이즈 소스

- 프렌치 프라이드 쉬림프

월도프 샐러드

(Waldorf Salad)

재료

- 사과(200~250g) 1개
- 셀러리 30g
- 양상추(2잎, 잎상추로 대체 가능) 20g
- 호두(중, 겉껍질 제거한 것) 2개
- 레몬(길이(장축)로 등분) 1/4개
- 마요네즈 60g
- 소금(정제염) 2g
- 흰후춧가루 1g
- 이쑤시개 1개

요구사항

주어진 재료를 사용하여 다음과 같이 월도프 샐러드를 만드시오.

❶ 사과, 셀러리, 호두알을 1cm의 크기로 써시오.
❷ 사과의 껍질을 벗겨 변색되지 않게 하고, 호두알의 속껍질을 벗겨 사용하시오.
❸ 양상추 위에 월도프 샐러드를 담아 내시오.

빈출 조합

- 시저 샐러드   P.76
- 바베큐 폭찹   P.91

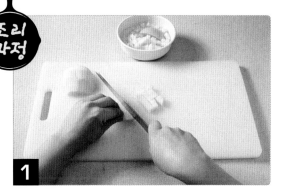

사과는 껍질을 벗겨 사방 1cm 크기로 자르고, 갈변 방지를 위해 레몬즙을 탄 물에 담가 둔다.

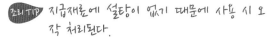

지급재료에 설탕이 없기 때문에 사용 시 오 작 처리된다.

미지근한 물에 불린 호두는 이쑤시개를 이용하여 속 껍질을 제거한다.

3

셀러리는 섬유질을 제거한다.

4

호두 일부와 셀러리는 사방 1cm 크기로 등분하고, 나머지 호두는 고명용으로 다져 둔다.

5

물기를 제거한 사과, 셀러리, 호두에 마요네즈 1/2큰 술을 넣어 섞은 후 마요네즈를 조금씩 추가하며 농도 를 맞추고, 레몬즙, 소금, 흰후춧가루로 간을 맞춘다.

마요네즈를 한 번에 많이 넣지 않도록 하고, 사과, 호두, 셀러리에 물기가 있으면 마요네 즈가 걸쭉할 수 있으므로 주의한다.

6

양상추는 물에 담가 두었다가 물기를 제거한 후 적당 한 크기로 뜯어 완성 접시에 올린다. 그 위에 샐러드 를 담은 후 다진 호두를 얹어 낸다.

타르타르 소스

(Tartar Sauce)

재료

- 마요네즈 70g
- 오이피클(개당 25~30g) 1/2개
- 양파(중, 150g) 1/10개
- 파슬리(잎, 줄기 포함) 1줄기
- 레몬(길이(장축)로 등분) 1/4개
- 달걀 1개
- 식초 2ml
- 소금(정제염) 2g
- 흰후춧가루 2g

요구사항

주어진 재료를 사용하여 다음과 같이 타르타르 소스를 만드시오.

❶ 다지는 재료는 0.2cm 크기로 하고, 파슬리는 줄기를 제거하여 사용하시오.

❷ 소스는 농도를 잘 맞추어 100ml 이상 제출하시오.

빈출 조합

- 비프 콘소메   P.85

조리
과정

달걀은 소금과 식초를 조금씩 넣고 13~15분 정도 삶아 완숙을 만든다.

삶은 달걀은 찬물에 식힌 후 흰자는 0.2cm로 다지고, 노른자는 체에 내린다.

양파는 0.2cm로 다져 소금물에 절인 후 물기를 제거하고, 오이피클도 0.2cm로 다져 물기를 제거한다.

 달걀을 삶는 동안 양파와 오이피클을 다지면 시간을 절약할 수 있다.

파슬리를 곱게 다지고, 면포에 싸서 물에 헹군 후 가루로 만든다.

3의 재료와 파슬리 가루 일부를 넣고, 마요네즈를 조금씩 넣어 가며 섞어 농도를 맞춘 후 레몬즙과 소금, 흰후춧가루로 간을 한다.

완성 그릇에 소스 100ml 이상을 담고, 파슬리 가루를 얹어 낸다.

사우전 아일랜드 드레싱

(Thousand Island Dressing)

재료

- 마요네즈 70g
- 오이피클(개당 25~30g) 1/2개
- 양파(중, 150g) 1/6개
- 토마토 케첩 20g
- 레몬(길이(장축)로 등분) 1/4개
- 달걀 1개
- 청피망(중, 75g) 1/4개
- 식초 10ml
- 소금(정제염) 2g
- 흰후춧가루 1g

요구사항

주어진 재료를 사용하여 다음과 같이 사우전 아일랜드 드레싱을 만드시오.

❶ 드레싱은 핑크빛이 되도록 하시오.

❷ 다지는 재료는 0.2cm 크기로 하시오.

❸ 드레싱은 농도를 잘 맞추어 100ml 이상 제출하시오.

빈출 조합

- 브라운 스톡

P.49

1

달걀은 소금과 식초를 조금씩 넣고 13~15분 정도 삶아 완숙을 만든다.

2

양파는 0.2cm로 다져 소금물에 절인 후 물기를 제거하고, 오이피클과 피망도 0.2cm로 다져 물기를 제거한다.

3

삶은 달걀은 찬물에 식힌 후 흰자는 0.2cm로 다지고, 노른자는 체에 내린다.

4

2, 3 에 마요네즈와 토마토 케첩을 넣고 섞는다.

조리TIP 마요네즈:토마토 케첩은 3:1로 하여 핑크빛이
나게 한다.

5

레몬즙과 소금, 흰후춧가루로 간을 하고, 식초를 약간 넣어 농도를 맞춘다.

6

완성 그릇에 소스 100ml 이상을 담아낸다.

치즈 오믈렛

(Cheese Omelet)

재료

- 달걀 3개
- 치즈(가로, 세로 8cm) 1장
- 버터(무염) 30g
- 생크림(조리용) 20ml
- 식용유 20ml
- 소금(정제염) 2g

요구사항

주어진 재료를 사용하여 다음과 같이 치즈 오믈렛을 만드시오.

❶ 치즈는 사방 0.5cm로 자르시오.

❷ 치즈가 들어가 있는 것을 알 수 있도록 하고, 익지 않은 달걀이 흐르지 않도록 만드시오.

❸ 나무젓가락과 팬을 이용하여 타원형으로 만드시오.

빈출 조합

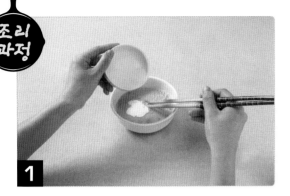

1

달걀에 소금을 넣고 저어 알끈을 끊어 준 후 생크림을 넣어 준다.

 생크림을 처음부터 넣으면 알끈이 빨리 제거 되지 않아 시간이 오래 걸리므로 달걀을 충분 히 풀어준 후 넣는다.

2

달걀물을 충분히 저은 후 체에 내리고 생크림 20ml 를 넣어 섞는다.

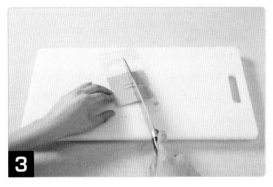

3

치즈는 사방 0.5cm 크기로 자른 후 반 정도는 달걀 물에 섞는다.

 치즈가 도마에 달라붙지 않도록 비닐의 한쪽 만 벗긴 후 자른다.

4

달궈진 오믈렛 팬에 식용유와 버터를 넣고, 준비한 달걀물을 부어 나무젓가락을 이용해 스크램블 에그 를 만든다.

 팬이 뜨겁게 달궈지면 불을 줄이고 달걀을 약간 남겨 두었다가 부어 온도를 낮춘다.

5

달걀이 반 정도 익으면 남은 치즈를 고르게 올리고 타원형으로 말아 가며 익힌다.

 어느 부분을 잘라도 치즈가 들어 있음을 알 수 있도록 달걀 안에 치즈를 고르게 넣는다.

6

타거나 덜 익지 않도록 불 조절에 주의하며 속까지 익힌 후 완성 접시에 담아낸다.

시험시간
25분

홀렌다이즈 소스

(Hollandaise Sauce)

재료

- 달걀 2개
- 양파(중, 150g) 1/8개
- 레몬(길이(장축)로 등분) 1/4개
- 버터(무염) 200g
- 파슬리(잎, 줄기 포함) 1줄기
- 월계수잎 1잎
- 검은 통후추 3개
- 식초 20ml
- 소금(정제염) 2g
- 흰후춧가루 1g

요구사항

주어진 재료를 사용하여 다음과 같이 홀렌다이즈 소스를 만드시오.

❶ 양파, 식초를 이용하여 허브 에센스(Herb Essence)를 만들어 사용하시오.

❷ 정제 버터를 만들어 사용하시오.

❸ 소스는 중탕으로 만들어 굳지 않게 그릇에 담아내시오.

❹ 소스는 100ml 이상 제출하시오.

빈출 조합

- 프렌치 어니언 수프   P.56
- 살리스버리 스테이크   P.88

조리과정

1 냄비에 물 1/2컵, 파슬리 줄기, 굵게 다진 양파, 월계수잎, 으깬 통후추, 식초 2작은술을 넣고 끓여 2큰술 정도로 졸인 후 면포에 걸러 허브 에센스를 만든다.

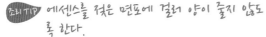
조리 TIP 에센스를 적은 면포에 걸러 양이 줄지 않도록 한다.

2 잘게 썬 버터를 계량컵(또는 그릇)에 넣고 뚜껑을 덮지 않은 채 중탕으로 버터를 정제한다.

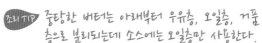
조리 TIP 중탕한 버터는 아래부터 우유층, 오일층, 거품층으로 분리되는데 소스에는 오일층만 사용한다.

3 그릇에 달걀 노른자를 넣고 한 방향으로 저어 준다.

4 **3**의 달걀 노른자에 정제한 버터 위의 거품층을 제거하고 오일층만 조금씩 첨가하며, 거품기로 되직해질 때까지 저어 준다.

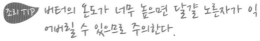
조리 TIP 버터의 온도가 너무 높으면 달걀 노른자가 익어버릴 수 있으므로 주의한다.

5 허브 에센스 1작은술과 정제한 버터 오일을 넣어 가며 거품기로 젓다가 레몬즙, 소금, 흰후춧가루로 간을 한다.

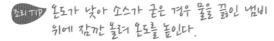
조리 TIP 온도가 낮아 소스가 굳은 경우 물을 끓인 냄비 위에 잠깐 올려 온도를 높인다.

6 완성 그릇에 소스 100ml 이상을 담아낸다.

25분

프렌치 프라이드 쉬림프

(French Fried Shrimp)

재료

- 새우(50~60g) 4마리
- 밀가루(중력분) 80g
- 달걀 1개
- 레몬(길이(장축)로 등분) 1/6개
- 파슬리(잎, 줄기 포함) 1줄기
- 식용유 500ml
- 흰설탕 2g
- 소금(정제염) 2g
- 흰후춧가루 2g
- 냅킨(흰색, 기름 제거용) 2장
- 이쑤시개 1개

요구사항

주어진 재료를 사용하여 다음과 같이 프렌치 프라이드 쉬림프를 만드시오.

❶ 새우는 꼬리쪽에서 1마디 정도 껍질을 남겨 구부러지지 않게 튀기시오.

❷ 새우튀김은 4개를 제출하시오.

❸ 레몬과 파슬리를 곁들이시오.

빈출 조합

- 샐러드 부케를 곁들인 참치타르타르와 채소 비네그레트 P.46

1 새우는 두 번째 마디에 이쑤시개를 넣어 내장을 제거한 후 머리, 껍질(꼬리 1마디 제외), 꼬리의 물총을 제거한다. 배 쪽에 칼집을 세 번 정도 넣고, 소금과 흰 후춧가루로 밑간을 한다.

2 달걀 흰자를 거품기로 충분히 저어 거품을 낸다.

3 달걀 노른자에 물 1큰술, 소금, 설탕 약간을 넣고 저어 준 후 밀가루 2큰술과 흰자 휘핑 2큰술을 넣고 살살 섞어 튀김옷을 만든다.

4 새우의 꼬리 1마디를 제외하고 밀가루를 묻힌다.

5 4의 새우는 꼬리 1마디를 남기고 튀김옷을 입힌 후 꼬리를 잡고 세워 모양을 잡아 가며 160~170℃의 기름에서 황금색이 나도록 튀긴다.

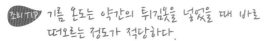
조리TIP 기름 온도는 약간의 튀김옷을 넣었을 때 바로 떠오르는 정도가 적당하다.

6 레몬은 껍질 쪽 폭을 1~1.5cm로 자른 후 양 끝을 경사지게 자르고, 흰 부분을 잘라 낸다. 완성 접시에 새우 4마리의 꼬리 쪽이 모아지게 담고, 레몬 웨지와 물기를 제거한 파슬리를 담아낸다.

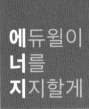

행복의 문이 하나 닫히면 다른 문이 열린다.
그러나 우리는 종종 닫힌 문을 멍하니 바라보다가
우리를 향해 열린 문을 보지 못하게 된다.

– 헬렌 켈러(Helen Keller)

PART 02

시험시간
30분

- 해산물 샐러드
- 이탈리안 미트 소스
- 브라운 그래비 소스
- 포테이토 샐러드
- 베이컨, 레터스, 토마토 샌드위치
- 햄버거 샌드위치
- 쉬림프 카나페
- 샐러드 부케를 곁들인 참치타르타르와 채소 비네그레트
- 브라운 스톡
- 미네스트로니 수프
- 피쉬 차우더 수프
- 프렌치 어니언 수프
- 포테이토 크림 수프
- 스페니쉬 오믈렛
- 치킨 알라 킹
- 치킨 커틀렛
- 스파게티 카르보나라
- 서로인 스테이크

해산물 샐러드

(Seafood Salad)

재료

- 새우(30~40g) 3마리
- 관자살(개당 50~60g, 해동 지급) 1개
- 피홍합(길이 7cm 이상) 3개
- 중합(지름 3cm) 3개
- 레몬(길이(장축)로 등분) 1/4개
- 양파(중, 150g) 1/4개
- 그린 치커리 2줄기
- 당근(둥근 모양이 유지되게 등분) 15g
- 양상추 10g
- 실파(1뿌리) 20g
- 마늘(중, 깐 것) 1쪽
- 딜(Fresh) 2줄기
- 월계수잎 1잎
- 셀러리 10g
- 올리브오일 20ml
- 식초 10ml
- 소금(정제염) 5g
- 흰후춧가루 5g
- 흰통후추(검은 통후추로 대체 가능) 3개
- 롤라로사(잎상추로 대체 가능) 2잎

요구사항

주어진 재료를 사용하여 다음과 같이 해산물 샐러드를 만드시오.

❶ 미르포아(Mire-Poix), 향신료, 레몬을 이용하여 쿠르부용(Court Bouillon)을 만드시오.

❷ 해산물은 손질하여 쿠르부용(Court Bouillon)에 데쳐 사용하시오.

❸ 샐러드 채소는 깨끗이 손질하여 싱싱하게 하시오.

❹ 레몬 비네그레트는 양파, 레몬즙, 올리브오일 등을 사용하여 만드시오.

빈출 조합

- 미네스트로니 수프   P.51
- 비프 콘소메   P.85

1 채소는 물에 담가 싱싱하게 한다.

2 당근, 셀러리, 양파는 사방 0.7cm 정도로 썰어 미르포아를 만들고 딜의 줄기 부분, 통후추, 2.5cm 길이로 자른 실파, 레몬, 다진 마늘, 월계수잎, 식초 2/3큰술을 준비한다.

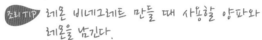
조리 TIP 레몬 비네그레트 만들 때 사용할 양파와 레몬을 남긴다.

3 해산물(새우, 관자, 홍합, 중합)은 소금물에 해감한다.

4 새우는 두 번째 마디에 이쑤시개를 넣어 내장을 제거하고, 관자는 얇은 막을 제거한 후 편으로 썬다.

5 물 4컵과 **2**의 재료를 넣고 끓여 쿠르부용을 만들고 해산물(새우, 관자, 홍합, 중합)을 데친 후 찬물에 헹궈 식힌다.

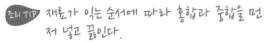
조리 TIP 재료가 익는 순서에 따라 홍합과 중합을 먼저 넣고 끓인다.

6 곱게 다진 양파 1큰술, 레몬즙 2큰술, 올리브오일 1큰술, 다진 딜, 소금, 흰후춧가루를 섞어 레몬 비네그레트를 만든다.

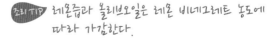
조리 TIP 레몬즙과 올리브오일은 레몬 비네그레트 농도에 따라 가감한다.

7 데친 해산물이 식으면 새우는 머리를 떼고, 껍질을 제거한다. 홍합과 중합은 살이 붙어 있지 않은 껍데 기를 떼어 낸다.

 새우 머리는 장식용으로 샐러드에 담아내도 무 관하다.

8 물기를 제거한 채소는 알맞은 크기로 잘라 해산물과 조화롭게 담은 후 레몬 비네그레트를 고르게 뿌린다.

9 모든 재료가 보이는지 확인한 후 제출한다.

이탈리안 미트 소스

(Italian Meat Sauce)

- 양파(중, 150g) 1/2개
- 소고기(살코기, 갈은 것) 60g
- 캔 토마토(고형물) 30g
- 월계수잎 1잎
- 셀러리 30g
- 토마토 페이스트 30g
- 버터(무염) 10g
- 파슬리(잎, 줄기 포함) 1줄기
- 마늘(중, 깐 것) 1쪽
- 소금(정제염) 2g
- 검은 후춧가루 2g

요구사항

주어진 재료를 사용하여 다음과 같이 이탈리안 미트 소스를 만드시오.

❶ 모든 재료는 다져서 사용하시오.

❷ 그릇에 담고 파슬리 다진 것을 뿌려 내시오.

❸ 소스는 150ml 이상 제출하시오.

빈출 조합

조리
과정

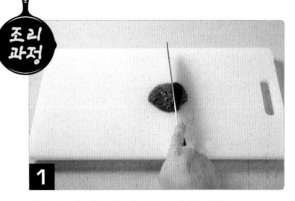

1

캔 토마토는 꼭지를 제거하고 잘게 다진다.

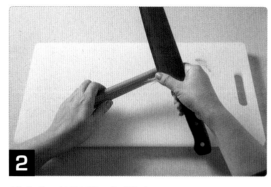

2

셀러리는 섬유질을 제거한다.

3

셀러리와 양파는 0.2cm 크기로 썰고, 마늘은 다진다.

4

파슬리는 곱게 다지고, 면포에 싸서 물에 헹군 후 가루로 만든다.

5

갈은 소고기는 더 다진 후 핏물을 제거한다.

6

버터를 두른 냄비에 소고기와 양파, 마늘, 셀러리, 토마토 페이스트 순으로 넣고 볶다가 캔 토마토를 넣고 볶는다.

 조리TIP 색과 농도를 좋게 하기 위해 토마토 페이스트를 넣은 후 물을 1큰술씩 나눠서 넣어 볶는다.

6에 물 2컵, 파슬리 줄기, 월계수잎을 넣고 소스가 걸쭉해질 때까지 끓인 후 파슬리 줄기와 월계수잎을 건져 내고 소금과 후추로 간을 한다.

 끓어오르면 중불에서 거품을 제거하면서 서서히 끓인다.

완성 그릇에 소스 150ml 이상을 담고 파슬리 가루를 뿌려 낸다.

시험시간 **30**분

브라운 그래비 소스

(Brown Gravy Sauce)

재료

- 브라운 스톡(물로 대체 가능)
  300ml
- 밀가루(중력분) 20g
- 양파(중, 150g) 1/6개
- 셀러리 20g
- 당근(둥근 모양이 유지되게 등분)
  40g
- 토마토 페이스트 30g
- 월계수잎 1잎
- 정향 1개
- 버터(무염) 30g
- 소금(정제염) 2g
- 검은 후춧가루 1g

요구사항

주어진 재료를 사용하여 다음과 같이 브라운 그래비 소스를 만드시오.

❶ 브라운 루(Brown Roux)를 만들어 사용하시오.
❷ 소스의 양은 200ml 이상 만드시오.

빈출 조합

- 포테이토 크림 수프   P.58
- 스페니쉬 오믈렛   P.61

조리 과정

1 양파, 셀러리, 당근을 일정한 굵기로 채 썬다.

2 브라운 루(버터 1큰술을 녹인 후 밀가루 2큰술을 넣고 진한 갈색이 나도록 볶기)를 만든 후 토마토 페이스트 1큰술을 넣고 타지 않게 볶는다.

 토마토 페이스트를 루와 볶으면 신맛과 떫은 맛이 없어진다.

3 버터를 두른 팬에 양파, 셀러리, 당근을 볶는다.

조리 TIP 버터를 적게 넣으면 갈색이 잘 나며, 타지 않도록 소량의 물을 넣어 가며 볶는다.

4 3에 브라운 루와 토마토 페이스트 볶은 것, 물 2컵, 월계수잎, 정향을 넣고 중불에서 거품을 제거하며 걸쭉해질 때까지 끓인다.

5 소금과 후추로 간을 한 후 월계수잎과 정향을 건져내고 체에 내린다.

6 소스 200ml 이상을 완성 그릇에 담아낸다.

포테이토 샐러드

(Potato Salad)

재료

- 감자(150g) 1개
- 양파(중, 150g) 1/6개
- 파슬리(잎, 줄기 포함) 1줄기
- 마요네즈 50g
- 소금(정제염) 5g
- 흰후춧가루 1g

요구사항

주어진 재료를 사용하여 다음과 같이 포테이토 샐러드를 만드시오.

❶ 감자는 껍질을 벗긴 후 1cm의 정육면체로 썰어서 삶으시오.

❷ 양파는 곱게 다져 매운맛을 제거하시오.

❸ 파슬리는 다져서 사용하시오.

빈출 조합

1 껍질을 제거한 감자는 사방 1cm로 썰고, 물에 담가 전분을 제거한다.

2 양파는 곱게 다진 후 약간의 소금을 넣은 물에 담가 매운맛을 제거한다.

3 파슬리는 곱게 다지고, 면포에 싸서 물에 헹군 후 가루로 만든다.

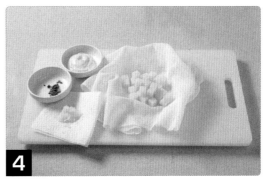

4 감자는 약간의 소금을 넣은 물에 5~6분 정도 삶은 후 체에 밭친 채 찬물을 끼얹어 식히고 물기를 제거한다.

 조리TIP 감자가 완전히 식지 않은 상태에서 마요네즈에 버무리면 마요네즈가 기름으로 되니 주의한다.

5 물기를 제거한 양파와 마요네즈, 소금, 흰후춧가루를 섞은 후 감자를 넣어 살살 버무린다. 완성 접시에 전량을 담고 파슬리 가루를 얹어 낸다.

시험시간
30분

베이컨, 레터스, 토마토 샌드위치

(B.L.T. 샌드위치: Bacon, Lettuce, Tomato Sandwich)

재료

- 식빵(샌드위치용) 3조각
- 양상추(2잎 정도, 잎상추로 대체 가능) 20g
- 베이컨(길이 25~30cm) 2조각
- 토마토(중, 150g, 둥근 모양이 되도록 잘라서 지급) 1/2개
- 마요네즈 30g
- 소금(정제염) 3g
- 검은 후춧가루 1g

요구사항

주어진 재료를 사용하여 다음과 같이 베이컨, 레터스, 토마토 샌드위치를 만드시오.

❶ 빵은 구워서 사용하시오.

❷ 토마토는 0.5cm 두께로 썰고, 베이컨은 구워서 사용하시오.

❸ 완성품은 4조각으로 썰어 전량을 내시오.

빈출 조합

- 치킨 알라 킹   P.64
- 치킨 커틀렛   P.66

1

양상추는 찬물에 담가 싱싱하게 준비한다.

2

식빵은 약불로 달군 마른 팬에 앞·뒤로 타지 않게 구운 후 세워 둔다.

 버터가 지급되지 않으므로 사용하지 않도록 주의하고, 구운 식빵은 세워 두어 눅눅해지지 않게 한다.

3

베이컨은 마른 팬에 구워 키친타월 위에서 기름기를 제거하고 후추를 약간 뿌려 놓는다.

4

토마토는 0.5cm 두께로 썰어 소금과 후추를 약간 뿌려 놓는다.

5

식빵 2조각은 한쪽 면에만, 1조각은 양쪽 면에 마요네즈를 바르고, 양쪽에 바른 식빵이 가운데 들어가도록 식빵 → 양상추 → 베이컨 → 식빵 → 양상추 → 토마토 → 식빵 순으로 올린다.

 만들어 놓은 샌드위치 위에 접시나 조리도구를 올려 썰 때 모양이 흐트러지지 않게 한다.

6

식빵의 가장자리를 잘라 내고, 4등분한 후 완성 접시에 보기 좋게 담아낸다.

 썰린 면이 깔끔하고 속재료가 빠져나오지 않게 한다.

햄버거 샌드위치

(Hamburger Sandwich)

재료

- 소고기(살코기, 방심) 100g
- 양파(중, 150g) 1개
- 토마토(중, 150g, 둥근 모양이 되도록 잘라서 지급) 1/2개
- 양상추 20g
- 셀러리 30g
- 빵가루(마른 것) 30g
- 햄버거빵 1개
- 달걀 1개
- 버터(무염) 15g
- 식용유 20ml
- 소금(정제염) 3g
- 검은 후춧가루 1g

요구사항

주어진 재료를 사용하여 다음과 같이 햄버거 샌드위치를 만드시오.

❶ 빵은 버터를 발라 구워서 사용하시오.

❷ 고기는 미디엄 웰던(Medium-wellden)으로 굽고 구워진 고기의 두께는 1cm로 하시오.

❸ 토마토, 양파는 0.5cm 두께로 썰고 양상추는 빵 크기에 맞추시오.

❹ 샌드위치는 반으로 잘라 내시오.

빈출 조합

- 이탈리안 미트 소스 P.31

1

양상추는 찬물에 담가 두고, 양파와 토마토는 0.5cm 두께의 링 모양으로 썰어 키친타월에 올리고 소금과 후추를 약간 뿌려 둔다.

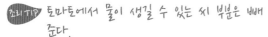

조리 TIP 토마토에서 물이 생길 수 있는 씨 부분은 빼 준다.

2

햄버거빵의 안쪽에 버터를 고르게 발라 달궈진 팬에 갈색이 나도록 구운 후 세워서 식힌다.

3

슬라이스하고 남은 양파는 곱게 다져 마른 팬에 볶은 후 접시에 펼쳐 식힌다.

4

셀러리는 섬유질을 제거하고, 곱게 다져 마른 팬에 볶은 후 접시에 펼쳐 식힌다.

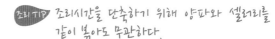

조리 TIP 조리시간을 단축하기 위해 양파와 셀러리를 같이 볶아도 무관하다.

5

소고기는 곱게 다져 핏물을 제거한 후 볶은 양파와 셀러리, 빵가루 2큰술, 달걀물 1큰술, 소금, 후추를 넣고 끈기가 생길 때까지 치댄다.

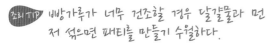

조리 TIP 빵가루가 너무 건조할 경우 달걀물과 먼 저 섞으면 패티를 만들기 수월하다.

6

고기 반죽을 0.8cm 두께로 빵의 지름보다 0.5cm 정 도 크게 만든다.

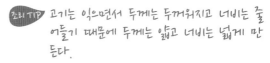

조리 TIP 고기는 익으면서 두께는 두꺼워지고 너비는 줄 어들기 때문에 두께는 얇고 너비는 넓게 만 든다.

7

달군 팬에 식용유와 버터를 두르고, 패티를 미디엄
웰던으로 굽는다.

 겉은 타지 않고 속은 완전히 익어야 하므로
중불에서 은근히 굽는다.

8

양상추는 물기를 제거하여 빵 크기에 맞춰 자른 후
빵 → 양상추 → 양파 → 패티 → 토마토 → 빵 순으
로 올린다.

9

속에 재료가 흐트러지지 않게 양 끝을 살짝 누르며
반으로 자른 후 자른 안쪽 면이 보이도록 완성 접시
에 담아낸다.

 썰린 면이 깔끔해야 하고 속재료가 빠져
나오지 않게 한다.

쉬림프 카나페

(Shrimp Canape)

재료

- 새우(30~40g/마리당) 4마리
- 식빵(샌드위치용, 제조일로부터 하루 경과한 것) 1조각
- 달걀 1개
- 파슬리(잎, 줄기 포함) 1줄기
- 양파(중, 150g) 1/8개
- 토마토 케첩 10g
- 레몬(길이(장축)로 등분) 1/8개
- 당근(둥근 모양이 유지되게 등분) 15g
- 셀러리 15g
- 버터(무염) 30g
- 소금(정제염) 5g
- 흰후춧가루 2g
- 이쑤시개 1개

요구사항

주어진 재료를 사용하여 다음과 같이 쉬림프 카나페를 만드시오.

❶ 새우는 내장을 제거한 후 미르포아(Mire-Poix)를 넣고 삶아서 껍질을 제거하시오.

❷ 달걀은 완숙으로 삶아 사용하시오.

❸ 식빵은 직경 4cm의 원형으로 하고 쉬림프 카나페는 4개 제출하시오.

빈출 조합

조리 과정

1

달걀은 소금을 조금 넣고 13~15분 정도 삶아 완숙을 만든다.

 물이 미지근해진 후 3~5분 정도 굴려 가며 삶아 노른자가 중앙에 오게 한다.

2

새우는 두 번째 마디에 이쑤시개를 넣어 내장을 제거한다.

3

셀러리, 양파, 당근은 일정한 굵기로 채 썰어 미르포아를 만든다.

4

미르포아와 레몬, 소금을 넣고 끓인 물에 새우를 삶아 식힌다.

 미르포아는 새우의 비린내를 제거하여 맛을 좋게 한다.

5

익힌 새우는 머리, 껍질, 꼬리를 제거하고 등 쪽에 칼집을 넣는다.

 껍질은 꼬리까지 완전히 제거한다.

6

달걀은 껍데기를 제거한 후 식빵과 같은 두께로 썰고, 소금과 흰후춧가루를 약간씩 뿌려둔다.

 삶은 달걀을 찬물에 식히면 껍데기를 제거하기 용이하다.

7 식빵은 4조각으로 자르고, 모서리를 둥글게 다듬어 지름 4cm 정도의 원형으로 만든다.

8 식빵은 마른 팬에 앞·뒤로 노릇하게 굽는다.

9 구운 빵은 살짝 식힌 후 한쪽 면에만 버터를 바른다.

10 버터를 바른 면이 위로 향하게 식빵을 두고 달걀 → 새우 → 토마토 케첩(약간) 순으로 올린 후 잎만 작게 뜯은 파슬리를 얹는다.

11 완성 접시에 4개를 보기 좋게 담아낸다.

시험시간 **30**분

샐러드 부케를 곁들인 참치 타르타르와 채소 비네그레트

(Tuna Tartar with Salad Bouquet and Vegetable Vinaigrette)

재료

- 붉은색 참치살(냉동 지급) 80g
- 차이브(실파로 대체 가능) 5줄기
- 롤라로사(잎상추로 대체 가능) 2잎
- 붉은색 파프리카(150g, 5~6cm 길이) 1/4개
- 노란색 파프리카(150g, 5~6cm 길이) 1/8개
- 오이(가늘고 곧은 것, 20cm, 길이로 반을 갈라 10등분) 1/10개
- 레몬(길이(장축)로 등분) 1/4개
- 파슬리(잎, 줄기 포함) 1줄기
- 양파(중, 150g) 1/8개
- 그린 올리브 2개
- 처빌 2줄기
- 케이퍼 5개
- 그린 치커리 2줄기
- 올리브오일 25ml
- 식초 10ml
- 흰후춧가루 3g
- 딜 3줄기
- 핫소스 5ml
- 꽃소금 5g
- * 지참 준비물: 테이블 스푼 2개 (퀸넬용, 머리 부분 가로 6cm, 세로(폭) 3.5~4cm)

요구사항

주어진 재료를 사용하여 다음과 같이 샐러드 부케를 곁들인 참치타르타르와 채소 비네그레트를 만드시오.

❶ 참치는 꽃소금을 사용하여 해동하고, 3~4mm의 작은 주사위 모양으로 썰어 양파, 그린 올리브, 케이퍼, 처빌 등을 이용하여 타르타르를 만드시오.

❷ 채소를 이용하여 샐러드 부케를 만드시오.

❸ 참치타르타르는 테이블 스푼 2개를 사용하여 퀸넬(quenelle) 형태로 3개를 만드시오.

❹ 비네그레트는 양파, 붉은색과 노란색의 파프리카, 오이를 가로·세로 2mm의 작은 주사위 모양으로 썰어서 사용하고 파슬리와 딜은 다져서 사용하시오.

빈출 조합

- 프렌치 프라이드 쉬림프   P.22
- 프렌치 어니언 수프   P.56

1

채소는 찬물에 담가 싱싱해지면 물기를 제거한다.

2

참치는 키친타월에 올려 꽃소금을 뿌려 해동시킨 후 소금기를 제거하여 3~4mm 정도의 주사위 모양으로 자른다.

3

오이는 3cm 길이로 자르고 껍질을 돌려 깎아 채소 비네그레트용으로 준비하고, 나머지는 둥근 쪽에 구멍을 내어 부케를 꽂을 수 있도록 준비한다.

조리TIP 껍질 부분 중 일부는 샐러드 부케에 넣어도 된다.

4

롤라로사, 치커리, 딜, 차이브, 붉은색 파프리카 채 썬 것을 데쳐 놓은 차이브로 묶어 샐러드 부케를 만든 다음 오이에 꽂아 고정시킨다.

조리TIP 딜과 붉은색 파프리카는 비네그레트에 넣을 양을 남긴다.

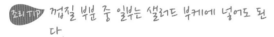

5

양파, 그린 올리브, 케이퍼, 처빌을 곱게 다진 다음 올리브오일 1작은술, 핫소스 1/2작은술, 레몬즙, 소금, 흰후춧가루와 참치를 넣고 버무려 참치타르타르를 만든다.

조리TIP 양파와 레몬은 비네그레트에 들어갈 양을 남긴다.

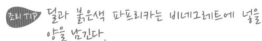

6

파슬리는 곱게 다지고, 면포에 싸서 물에 헹군 후 가루로 만든다.

7

붉은색·노란색 파프리카, 양파, 오이 일부를 2mm로 곱게 다지고, 다진 파슬리와 딜, 레몬즙 1/2작은술, 식초 2작은술, 올리브오일 2큰술, 소금, 흰후춧가루를 넣고 섞어 채소 비네그레트를 만든다.

8

참치타르타르는 퀜넬 스푼을 이용하여 퀜넬 형태로 3개를 만들어 완성 접시에 담는다.

9

채소 비네그레트를 참치타르타르 주변에 뿌려 준다.

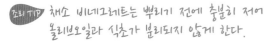

조리TIP 채소 비네그레트는 뿌리기 전에 충분히 저어 올리브오일과 식초가 분리되지 않게 한다.

10

샐러드 부케를 놓은 후 주변에 남은 채소 비네그레트를 뿌려 낸다.

브라운 스톡

(Brown Stock)

재료

- 소뼈(2~3cm, 자른 것) 150g
- 양파(중, 150g) 1/2개
- 셀러리 30g
- 당근(둥근 모양이 유지되게 등분)
  40g
- 토마토(중, 150g) 1개
- 검은 통후추 4개
- 파슬리(잎, 줄기 포함) 1줄기
- 다임(1줄기) 2g
- 다시백(10×12cm) 1개
- 정향 1개
- 월계수잎 1잎
- 버터(무염) 5g
- 식용유 50ml
- 면실 30cm

요구사항

주어진 재료를 사용하여 다음과 같이 브라운 스톡을 만드시오.

❶ 스톡은 맑고, 갈색이 되도록 하시오.

❷ 소뼈는 찬물에 담가 핏물을 제거한 후 구워서 사용하시오.

❸ 향신료로 사세 데피스(Sachet d'epice)를 만들어 사용하시오.

❹ 완성된 스톡의 양이 200ml 이상 되도록 하여 볼에 담아내시오.

빈출 조합

조리과정

1 소뼈의 고기, 잔여 기름, 막 등을 최대한 제거한 후 찬물에 담가 핏물을 제거한다.

조리TIP 소뼈는 데치지 않는다.

2 토마토는 열십자로 칼집을 낸 후 끓는 물에 데쳐 껍질과 씨를 제거하고, 굵직하게 다진다.

3 셀러리, 양파, 당근은 일정한 굵기로 채 썬다.

4 팬에 버터와 식용유를 약간 두르고 소뼈를 갈색이 나도록 구운 후 채 썬 셀러리, 양파, 당근을 넣어 진한 갈색으로 볶는다.

조리TIP 소뼈가 갈색이 나면 기름을 제거하고 채소를 볶아 갈색이 충분히 나도록 한다.

5 냄비에 물 3컵과 **4**의 재료, 다진 토마토, 사세 데피스(통후추, 월계수잎, 정향, 파슬리 줄기)를 넣고 끓이다가 끓기 시작하면 약불로 줄이고, 거품을 걷어 내면서 뭉근하게 끓인다.

조리TIP 스톡의 색과 농도는 맑고 탁하지 않게 한다.

6 색이 우러나면 면포에 걸러 200ml 이상을 완성 그릇에 담아낸다.

시험시간 **30**분

미네스트로니 수프

(Minestrone Soup)

재료

- 양파(중, 150g) 1/4개
- 당근(둥근 모양이 유지되게 등 분) 40g
- 토마토(중, 150g) 1/8개
- 무 10g
- 스트링빈스(냉동, 채두로 대체 가능) 2줄기
- 완두콩 5알
- 스파게티 2가닥
- 파슬리(잎, 줄기 포함) 1줄기
- 베이컨(길이 25~30cm) 1/2조각
- 치킨 스톡(물로 대체 가능) 200ml
- 마늘(중, 깐 것) 1쪽
- 검은 후춧가루 2g
- 정향 1개
- 셀러리 30g
- 양배추 40g
- 토마토 페이스트 15g
- 월계수잎 1잎
- 버터(무염) 5g
- 소금(정제염) 2g

요구사항

주어진 재료를 사용하여 다음과 같이 미네스트로니 수프를 만드시오.

❶ 채소는 사방 1.2cm, 두께 0.2cm로 써시오.

❷ 스트링빈스, 스파게티는 1.2cm의 길이로 써시오.

❸ 국물과 고형물의 비율을 3 : 1로 하시오.

❹ 전체 수프의 양은 200ml 이상으로 하고 파슬리 가루를 뿌려 내시오.

빈출 조합

조리
과정

1 파슬리는 곱게 다지고, 면포에 싸서 물에 헹군 후 가루로 만든다.

2 양파, 월계수잎, 정향으로 부케가르니를 만든다.

3 베이컨은 1.2cm × 1.2cm로 썰어 끓는 물에 데친다.

4 스파게티는 끓는 물에 소금을 넣어 삶은 후 1.2cm로 자르고, 스트링빈스는 1.2cm로 썰어 완두콩과 함께 데친다. 토마토는 껍질과 씨를 제거한 후 0.5cm로 자른다.

5 무, 양파, 셀러리, 양배추, 당근은 1.2cm × 1.2cm × 0.2cm로 자른 후 버터를 두른 냄비에 다진 마늘, 양파, 당근, 무, 셀러리, 양배추 순으로 넣고 볶는다.

6 5에 토마토 페이스트 1큰술을 넣고 약불에서 신맛이 제거될 정도로 볶는다.

조리 TIP 뚜껑을 열고 오래 볶으면 토마토의 신맛이 날아간다.

6에 치킨 스톡(또는 물) 1.5컵과 부케가르니를 넣고
끓인다.

끓기 시작하면 토마토와 베이컨을 넣고 거품을 걷어
가며 끓인다.

스트링빈스, 완두콩, 스파게티 면을 넣어 끓이다가
부케가르니는 건져 내고 소금과 후추로 간을 한다.

완성 그릇에 수프 200ml 이상을 담고 파슬리 가루를
뿌려 낸다.

조리TIP 국물과 고형물의 비율은 3:1이 되도록 한다.

피쉬 차우더 수프

(Fish Chowder Soup)

- 대구살(해동 지급) 50g
- 감자(150g) 1/4개
- 베이컨(길이 25~30cm) 1/2조각
- 양파(중, 150g) 1/6개
- 셀러리 30g
- 버터(무염) 20g
- 밀가루(중력분) 15g
- 우유 200ml
- 월계수잎 1잎
- 정향 1개
- 소금(정제염) 2g
- 흰후춧가루 2g

요구사항

주어진 재료를 사용하여 다음과 같이 피쉬 차우더 수프를 만드시오.

❶ 차우더 수프는 화이트 루(Roux)를 이용하여 농도를 맞추시오.

❷ 채소는 0.7cm × 0.7cm × 0.1cm, 생선은 1cm × 1cm × 1cm 크기로 써시오.

❸ 대구살을 이용하여 생선 스톡을 만들어 사용하시오.

❹ 수프는 200ml 이상 제출하시오.

빈출 조합

- 이탈리안 미트 소스   P.31
- 치킨 알라 킹   P.64

1

감자, 양파, 셀러리, 베이컨은 0.7cm × 0.7cm × 0.1cm로 썰고, 감자는 찬물에 담가 두었다가 버터를 두른 팬에 베이컨, 양파, 감자, 셀러리 순으로 볶는다.

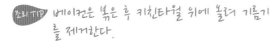 베이컨은 볶은 후 키친타월 위에 올려 기름기를 제거한다.

2

생선살은 사방 1.2cm로 썰고, 냄비에 버터를 넣고 볶다가 물 2컵을 넣고 끓인 후 면포에 걸러 생선살과 피쉬 스톡으로 각각 준비한다.

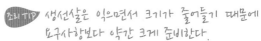 생선살은 익으면서 크기가 줄어들기 때문에 요구사항보다 약간 크게 준비한다.

3

버터와 밀가루를 동량으로 넣어 약불에서 화이트 루를 만들고, 스톡과 우유를 조금씩 넣어 가며 풀어 준 후 부케가르니(양파, 월계수잎, 정향)를 넣는다.

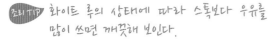 화이트 루의 상태에 따라 스톡보다 우유를 많이 쓰면 깨끗해 보인다.

4

3에 **1**의 재료를 넣고 끓이다가 생선살을 넣고 소금과 흰후춧가루로 간을 한다.

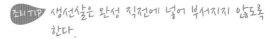 생선살은 완성 직전에 넣어 부서지지 않도록 한다.

5

부케가르니를 건져 내고, 200ml 이상을 완성 그릇에 담아낸다.

프렌치 어니언 수프

(French Onion Soup)

재료

- 양파(중, 150g) 1개
- 마늘(중, 깐 것) 1쪽
- 버터(무염) 20g
- 백포도주 15ml
- 맑은 스톡(비프 스톡 또는 콘소메, 물로 대체 가능) 270ml
- 바게트빵 1조각
- 파슬리(잎, 줄기 포함) 1줄기
- 파마산 치즈가루 10g
- 소금(정제염) 2g
- 검은 후춧가루 1g

요구사항

주어진 재료를 사용하여 다음과 같이 프렌치 어니언 수프를 만드시오.

❶ 양파는 5cm 크기의 길이로 일정하게 써시오.

❷ 바게트빵에 마늘버터를 발라 구워서 따로 담아내시오.

❸ 수프의 양은 200ml 이상 제출하시오.

빈출 조합

- 홀렌다이즈 소스 P.20
- 샐러드 부케를 곁들인 참치타르타르와 채소 비네그레트 P.46

1 양파는 5cm 길이로 곱게 채 썬다.

 양파 속껍질을 벗긴 후 썰면 냄비에 덜 눌어붙고, 맑은 수프가 된다.

2 파슬리는 곱게 다지고, 면포에 싸서 물에 헹군 후 가루로 만든다.

3 다진 마늘과 파슬리, 버터를 섞어 마늘버터를 만든다. 바게트빵의 한쪽 면에 마늘버터를 발라 노릇하게 굽고, 위에 파마산 치즈를 뿌린다.

 마늘과 파슬리가 타지 않도록 약불로 구워준다.

4 버터를 두른 냄비에 물을 조금씩 넣어가며 양파가 타지 않게 볶다가 백포도주 1큰술을 넣는다.

조리TIP 버터가 너무 많이 들어가면 양파의 색이 잘 나지 않으니 주의한다.

5 양파가 색이 나면 스톡(또는 물) 1.5컵을 넣고 끓인다. 끓으면 약불로 줄이고 거품을 제거하면서 끓이다가 소금과 후추로 간을 한다.

6 완성 그릇에 수프 200ml 이상을 담고, 바게트빵을 따로 담아낸다.

포테이토 크림 수프

(Potato Cream Soup)

재료

- 감자(200g) 1개
- 대파(흰 부분, 10cm) 1토막
- 양파(중, 150g) 1/4개
- 버터(무염) 15g
- 치킨 스톡(물로 대체 가능) 270ml
- 생크림(조리용) 20ml
- 식빵(샌드위치용) 1조각
- 월계수잎 1잎
- 소금(정제염) 2g
- 흰후춧가루 1g

요구사항

주어진 재료를 사용하여 다음과 같이 포테이토 크림 수프를 만드시오.

❶ 크루톤(Crouton)의 크기는 사방 0.8~1cm로 만들어 버터에 볶아 수프에 띄우시오.

❷ 익힌 감자는 체에 내려 사용하시오.

❸ 수프의 색과 농도에 유의하고 200ml 이상 제출하시오.

빈출 조합

1 감자는 껍질을 제거하고 싹을 도려낸 후 얇게 편으로 썰어 찬물에 담가 둔다.

 감자를 찬물에 담가두면 전분이 제거되어 볶을 때 타지 않는다.

2 양파와 대파 흰 부분을 곱게 채 썬다.

3 냄비에 버터를 두르고 양파와 대파를 볶는다.

4 **3**에 물기를 제거한 감자를 넣고 감자가 투명해질 때까지 볶는다.

 중불에서 볶아 색이 나지 않게 한다.

5 **4**에 물 3컵과 월계수잎을 넣고 감자가 충분히 무를 때까지 끓인다.

6 감자가 충분히 익고 농도가 되직해지면 월계수잎을 건져 내고 체에 내린다.

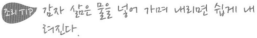 감자 삶은 물을 넣어 가며 내리면 쉽게 내려진다.

포테이토 크림 수프 : 59

체에 내린 감자를 소금과 흰후춧가루로 간을 한 후 살짝 끓이고, 생크림을 넣어 저어 준다.

식빵은 가장자리를 자르고, 사방 0.8~1cm로 자른다.

조리TIP 식빵은 절반만 사용해도 충분하다.

팬에 소량의 버터를 두르고 식빵을 구워 크루톤을 만든다.

완성 그릇에 수프 200ml 이상을 담고, 제출 직전에 크루톤을 얹어 낸다.

시험시간 **30**분

스페니쉬 오믈렛

(Spanish Omelet)

재료

- 달걀 3개
- 토마토(중, 150g) 1/4개
- 양파(중, 150g) 1/6개
- 청피망(중, 75g) 1/6개
- 양송이(1개) 10g
- 베이컨(길이 25~30cm) 1/2조각
- 토마토 케첩 20g
- 검은 후춧가루 2g
- 생크림(조리용) 20ml
- 식용유 20ml
- 버터(무염) 20g
- 소금(정제염) 5g

요구사항

주어진 재료를 사용하여 다음과 같이 스페니쉬 오믈렛을 만드시오.

❶ 토마토, 양파, 청피망, 양송이, 베이컨은 0.5cm의 크기로 썰어 오믈렛 소를 만드시오.

❷ 소가 흘러나오지 않도록 하시오.

❸ 소를 넣어 나무젓가락과 팬을 이용하여 타원형으로 만드시오.

빈출 조합

- 브라운 그래비 소스   P.34
- 포테이토 크림 수프   P.58

1

양송이, 양파, 청피망, 베이컨을 사방 0.5cm 정도로 자른다.

2

토마토는 껍질과 씨를 제거하고 사방 0.5cm 정도로 자른다.

3

버터를 두른 팬에 베이컨, 양파, 청피망, 양송이, 토마토 순으로 넣고 볶는다.

4

토마토 케첩 1큰술을 넣고 볶다가 소금, 후추로 간을 한다.

5

달걀 3개에 소금을 넣고 저어 알끈을 끊어 준 후 생크림 2작은술을 넣어 체에 내린다.

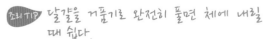
조리 TIP 달걀을 거품기로 완전히 풀면 체에 내릴 때 쉽다.

6

팬에 버터와 식용유를 두르고 열이 오르면 달걀물을 부어 나무젓가락으로 스크램블 에그를 만든다.

조리 TIP 속재료를 볶을 팬과 오믈렛 만들 팬을 구분하여 오믈렛에 이물질이 묻지 않도록 한다.

7

불을 약하게 줄이고 볶은 재료를 고르게 올린다.

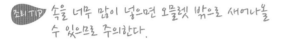
조리 TIP 속을 너무 많이 넣으면 오믈렛 밖으로 새어나올 수 있으므로 주의한다.

8

달걀이 부드러울 때 천천히 밀면서 만다.

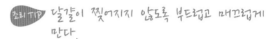
조리 TIP 달걀이 찢어지지 않도록 부드럽고 매끄럽게 만다.

9

오믈렛은 표면이 매끄러운 타원형으로 모양을 잡아 준다.

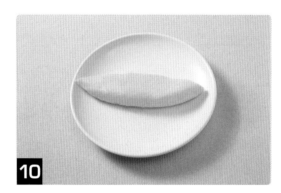

10

완성 접시에 담아낸다.

시험시간
30분

치킨 알라 킹

(Chicken a'la King)

재료

- 닭 다리(한 마리 1.2kg, 허벅지살 포함, 반 마리 지급 가능) 1개
- 양파(중, 150g) 1/6개
- 청피망(중, 75g) 1/4개
- 홍피망(중, 75g) 1/6개
- 밀가루(중력분) 15g
- 생크림(조리용) 20ml
- 월계수잎 1잎
- 양송이(2개) 20g
- 버터(무염) 20g
- 우유 150ml
- 정향 1개
- 소금(정제염) 2g
- 흰후춧가루 2g

요구사항

주어진 재료를 사용하여 다음과 같이 치킨 알라 킹을 만드시오.

❶ 완성된 닭고기와 채소, 버섯의 크기는 1.8cm × 1.8cm로 균일하게 하시오.

❷ 닭 뼈를 이용하여 치킨 육수를 만들어 사용하시오.

❸ 화이트 루(Roux)를 이용하여 베샤멜 소스(Bechamel Sauce)를 만들어 사용하시오.

빈출 조합

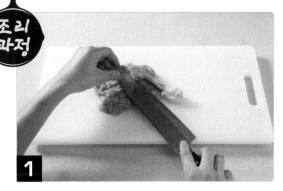

1

닭 다리는 깨끗이 씻어 뼈에서 살을 발라내고 껍질을 벗긴 후 2cm × 2cm 크기로 썬다.

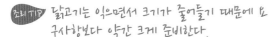 닭고기는 익으면서 크기가 줄어들기 때문에 요구사항보다 약간 크게 준비한다.

3

껍질을 벗긴 양송이, 양파, 청피망, 홍피망은 1.8cm × 1.8cm로 썰고 버터를 두른 팬에 양송이, 양파, 청피망, 홍피망, 닭고기 순으로 볶아 둔다.

5

4에 볶은 양파, 양송이, 닭고기를 넣고 끓이다가 청피망, 홍피망을 넣어 끓인다.

2

버터를 두른 냄비에 닭 뼈를 볶다가 물 2컵, 양파 약간을 넣고 끓인 후 면포에 걸러 스톡을 준비한다.

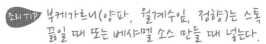 부케가르니(양파, 월계수잎, 정향)는 스톡 끓일 때 또는 베샤멜 소스 만들 때 넣는다.

4

냄비에 버터와 밀가루를 동량으로 넣고 약불에서 볶아 화이트 루를 만든 후 치킨 스톡과 우유를 조금씩 넣어 가며 베샤멜 소스를 만들고 부케가르니를 넣고 끓인다.

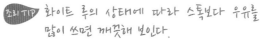 화이트 루의 상태에 따라 스톡보다 우유를 많이 쓰면 깨끗해 보인다.

6

부케가르니를 건져 내고, 생크림 1큰술을 넣고 소금, 흰후춧가루로 간을 한 후 완성 그릇에 담아낸다.

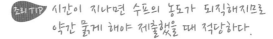 시간이 지나면 수프의 농도가 되직해지므로 약간 묽게 해야 제출했을 때 적당하다.

치킨 커틀렛

(Chicken Cutlet)

재료

- 닭 다리(한 마리 1.2kg, 허벅지살 포함, 반 마리 지급 가능) 1개
- 빵가루(마른 것) 50g
- 달걀 1개
- 밀가루(중력분) 30g
- 식용유 500ml
- 소금(정제염) 2g
- 검은 후춧가루 2g
- 냅킨(흰색, 기름 제거용) 2장

요구사항

주어진 재료를 사용하여 다음과 같이 치킨 커틀렛을 만드시오.

❶ 닭은 껍질째 사용하시오.

❷ 완성된 커틀렛의 색에 유의하고 두께는 1cm로 하시오.

❸ 딥 팻 프라이(Deep Fat Frying)로 하시오.

빈출 조합

1

닭 다리는 깨끗이 씻어 물기를 제거하고, 뼈를 발라 낸다.

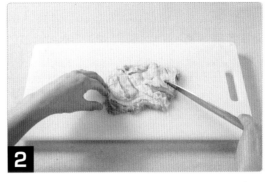

2

0.8cm 두께로 펼친 후 칼집을 많이 넣어 두드려 주고, 소금과 후추로 간한다.

조리TIP 껍질과 힘줄 부분에 칼집을 많이 넣어 익으면서 오므라들지 않게 한다.

3

마른 빵가루는 수분을 약간 넣은 후 재빨리 비벼 촉촉하게 만든다.

조리TIP 물은 1큰술 이내가 적당하며, 넣는 순간 양손으로 비벼준다.

4

달걀은 소금을 약간 넣어 풀어 놓고, 손질한 닭에 밀가루, 달걀물, 빵가루 순으로 묻힌 후 꾹꾹 눌러가며 모양을 만들어준다.

조리TIP 잘 누르지 않으면 고기와 빵가루가 분리될 수 있으므로 손바닥으로 누른다.

5

170~180℃ 정도의 기름에 닭고기를 넣어 속은 익고, 겉은 황금빛 갈색이 나도록 딥 팻 프라이한다.

조리TIP 빵가루를 떨어뜨렸을 때 중간 정도에서 올라오는 온도가 좋다.

6

커틀렛을 냅킨에 올려 기름기를 제거한 후 완성 접시에 담아낸다.

시험시간
30분

스파게티 카르보나라

(Spagetti Carbonara)

재료

- 스파게티 면(건조면) 80g
- 올리브오일 20ml
- 버터(무염) 20g
- 생크림 180ml
- 베이컨(길이 15~20cm) 2개
- 달걀 1개
- 파마산 치즈가루 10g
- 파슬리(잎, 줄기 포함) 1줄기
- 검은 통후추 5개
- 식용유 20ml
- 소금(정제염) 5g

요구사항

주어진 재료를 사용하여 다음과 같이 스파게티 카르보나라를 만드시오.

❶ 스파게티 면은 al dante(알 단테)로 삶아서 사용하시오.

❷ 파슬리는 다지고 통후추는 곱게 으깨서 사용하시오.

❸ 베이컨은 1cm 크기로 썰어, 으깬 통후추와 볶아서 향이 잘 우러나게 하시오.

❹ 생크림은 달걀 노른자를 이용한 리에종(Liaison)과 소스에 사용하시오.

빈출 조합

1
냄비에 물과 식용유, 소금을 넣어 끓으면 스파게티 면을 넣고 7~9분간 삶아 가운데 하얀심이 남아 있는 알 단테(al dante)로 삶는다.

 조리 TIP 스파게티 면은 찬물에 헹구지 않고 체에 건져 올리브오일에 버무려 놓는다.

2
생크림 3큰술과 달걀 노른자 1개를 섞어 리에종 소스를 만든다.

3
올리브오일과 버터를 약간 두르고 으깬 통후추를 볶던 팬에 사방 1cm 정도로 썬 베이컨을 노릇노릇하게 볶은 후 삶은 스파게티 면을 넣어 볶는다.

4
불을 조금 줄이고 생크림을 넣어 끓인 후 리에종 소스를 조금씩 넣어 농도를 맞춘다.

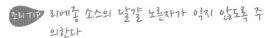 조리 TIP 리에종 소스의 달걀 노른자가 익지 않도록 주의한다.

5
4에 다진 파슬리와 파마산 치즈가루 약간을 넣어 섞고 소금으로 간을 한다.

6
완성 접시에 담고 다진 파슬리와 으깬 통후추를 뿌려 낸다.

시험시간
30분

서로인 스테이크

(Sirloin Steak)

재료

- 소고기(등심, 덩어리) 200g
- 감자(150g) 1/2개
- 당근(둥근 모양이 유지되게 등분)
  70g
- 시금치 70g
- 양파(중, 150g) 1/6개
- 버터(무염) 50g
- 식용유 150ml
- 흰설탕 25g
- 소금(정제염) 2g
- 검은 후춧가루 1g

요구사항

주어진 재료를 사용하여 다음과 같이 서로인 스테이크를 만드시오.

❶ 스테이크는 미디엄(Medium)으로 구우시오.
❷ 더운 채소(당근, 감자, 시금치)를 각각 모양 있게 만들어 함께 내시오.

빈출 조합

- 이탈리안 미트 소스

P.31

1

소고기는 핏물을 제거한 후 지방과 힘줄을 잘라 내고, 가장자리를 다듬는다. 앞·뒤로 잔칼집을 넣고 살살 두들겨 두께를 일정하게 맞춘 후 양면에 소금, 후추로 밑간을 하고 식용유를 발라 재워 둔다.

2

시금치는 줄기째 끓는 소금물에 데친 후 찬물에 식히고, 물기를 꼭 짠 다음 4cm 정도로 자른다. 버터를 두른 팬에 다진 양파를 볶다가 시금치를 넣고 소금으로 간을 한다.

3

껍질을 제거한 감자는 5cm × 0.7cm × 0.7cm로 썰어 소금물에 데친 후 물기를 제거하고, 170℃의 기름에 노릇하게 튀겨 소금, 후추로 간을 한다.

 조리 TIP 감자와 당근은 1분~1분 30초 정도 삶은 후 찬물에 헹군다.

4

껍질을 제거한 당근은 두께 0.5cm, 지름 3~4cm 정도의 원형으로 썰어 가장자리를 돌려 깎아 다듬고, 끓는 물에 삶은 후 버터 1작은술, 설탕 1큰술, 물 2큰술, 소금을 넣어 윤기 나게 조린다.

5

팬에 식용유를 두르고 강불에서 소고기의 양면을 노릇하게 지진 후 불을 줄여 미디엄으로 익힌다.

6

완성 접시에 감자, 시금치, 당근을 각각 담고, 가운데 스테이크를 담아낸다.

 조리 TIP 스테이크는 제출 직전에 접시에 담아야 핏물이 흐르지 않고 깔끔하다.

무엇이든 넓게 경험하고 파고들어
스스로를 귀한 존재로 만들어라.

– 세종대왕

PART 03

시험시간
35분 이상

- 시저 샐러드
- 토마토 소스 해산물 스파게티
- 비프 스튜
- 비프 콘소메
- 살리스버리 스테이크
- 바베큐 폭찹

시저 샐러드

(Caesar Salad)

재료

- 로메인 상추 50g
- 달걀(60g, 상온에 보관한 것) 2개
- 올리브오일(Extra Virgin) 20ml
- 카놀라오일 300ml
- 식빵(슬라이스) 1개
- 레몬 1개
- 마늘 1쪽
- 베이컨 15g
- 앤초비 3개
- 디존 머스타드 10g
- 파미지아노 레기아노치즈(덩어리) 20g
- 화이트 와인 식초 20ml
- 검은 후춧가루 5g
- 소금 10g

요구사항

주어진 재료를 사용하여 다음과 같이 시저 샐러드를 만드시오.

❶ 마요네즈(100g 이상), 시저 드레싱(100g 이상), 시저 샐러드(전량)를 만들어 3가지를 각각 별도의 그릇에 담아 제출하시오.

❷ 마요네즈(Mayonnaise)는 달걀 노른자, 카놀라오일, 레몬즙, 디존 머스타드, 화이트 와인 식초를 사용하여 만드시오.

❸ 시저 드레싱(Caesar Dressing)은 마요네즈, 마늘, 앤초비, 검은 후춧가루, 파미지아노 레기아노, 올리브오일, 디존 머스타드, 레몬즙을 사용하여 만드시오.

❹ 파미지아노 레기아노는 강판이나 채칼을 사용하시오.

❺ 시저 샐러드(Caesar Salad)는 로메인 상추, 곁들임(크루톤(1cm×1cm), 구운 베이컨(폭 0.5cm), 파미지아노 레기아노), 시저 드레싱을 사용하여 만드시오.

빈출 조합

- 월도프 샐러드

P.12

1 로메인 상추는 깨끗이 씻은 후 먹기 좋은 크기로 잘라 찬물에 담가 놓는다.

2 마늘과 앤초비는 다지고, 베이컨은 0.8cm로 썰어 올리브오일을 조금 두른 팬에 노릇하게 볶아 둔다.

조리 TIP 베이컨은 익으면서 크기가 작아지므로 조금 크게 썬다.

3 가장자리를 제거한 식빵은 1cm로 썰고, 올리브오일을 두른 팬에 갈색이 나게 볶아 크루톤을 만든다.

조리 TIP 식빵은 절반 정도만 사용한다.

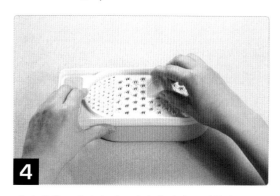

4 파미지아노 레기아노는 강판에 갈아 준비한다.

5 찬물에 담가둔 로메인 상추는 체에 밭쳐 물기를 제거한다.

6 달걀은 노른자만 분리하여 카놀라오일을 조금씩 넣어가며 거품기로 분리되지 않게 저어 마요네즈를 만든다.

6을 거품기로 저어가며 레몬즙과 화이트 와인 식초
로 농도를 맞추고, 디존 머스타드 일부를 섞어 100g
을 제출용으로 담아 둔다.

남은 마요네즈에 다진 마늘, 다진 앤초비, 파미지아
노 레기아노 치즈가루 1큰술, 소금과 후추 약간, 디존
머스타드를 넣어 시저 드레싱을 만들고 제출용으로
100g 이상을 담아 둔다.

물기를 제거한 로메인 상추에 시저 드레싱 적당량을
넣어 버무린다.

시저 샐러드 위에 베이컨과 크루톤, 파미지아노 레기
아노 가루를 얹어 완성하고, 마요네즈, 시저 드레싱
과 함께 제출한다.

시험시간 **35**분

토마토 소스 해산물 스파게티

(Seafood Spaghetti Tomato Sauce)

재료

- 스파게티 면(건조면) 70g
- 모시조개(지름 3cm, 바지락으로 대체 가능) 3개
- 오징어(몸통) 50g
- 관자살(50g, 작은 관자 3개 정도) 1개
- 캔 토마토(홀필드, 국물 포함) 300g
- 양파(중, 150g) 1/2개
- 방울토마토(붉은색) 2개
- 새우(껍질 있는 것) 3마리
- 마늘 3쪽
- 바질(신선한 것) 4잎
- 파슬리(잎, 줄기 포함) 1줄기
- 식용유 20ml
- 올리브오일 40ml
- 화이트 와인 20ml
- 소금(정제염) 5g
- 흰후춧가루 5g

요구사항

주어진 재료를 사용하여 다음과 같이 토마토 소스 해산물 스파게티를 만드시오.

❶ 스파게티 면은 al dante(알 단테)로 삶아서 사용하시오.

❷ 조개는 껍데기째, 새우는 껍질을 벗겨 내장을 제거하고, 관자살은 편으로 썰고, 오징어는 0.8cm × 5cm 크기로 썰어 사용하시오.

❸ 해산물은 화이트 와인을 사용하여 조리하고, 마늘과 양파는 해산물 조리와 토마토 소스 조리에 나누어 사용하시오.

❹ 바질을 넣은 토마토 소스를 만들어 사용하시오.

❺ 스파게티는 토마토 소스에 버무리고 다진 파슬리와 슬라이스한 바질을 넣어 완성하시오.

빈출 조합

- 스파게티 카르보나라   P.68

조리 과정

1 모시조개는 깨끗이 씻은 후 소금물에 담가 해감시키고, 새우, 오징어살, 관자는 씻어 놓는다.

2 양파와 마늘은 곱게 다진다.

3 방울토마토는 열십자로 칼집을 넣어 끓는 물에 데친 후 껍질을 제거하고 캔 토마토 홀은 다져 놓는다.

4 파슬리를 곱게 다지고, 면포에 싸서 물에 헹군 후 가루로 만든다.

5 새우는 머리를 제거한 후 껍질을 벗기고 등에 칼집을 넣어 내장을 제거한다.

6 오징어는 껍질을 벗긴 후 0.8cm × 5cm 정도로 썰고, 관자는 얇은 막을 제거한 후 얇게 편으로 썬다.

냄비에 물과 식용유, 소금을 넣어 끓으면 스파게티 면을 넣고 7~9분간 삶아 가운데 심이 남아 있는 알 단테(al dante)로 삶는다.

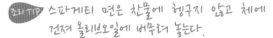
스파게티 면은 찬물에 헹구지 않고 체에 건져 올리브오일에 버무려 놓는다.

팬에 올리브오일 1큰술을 두르고 다진 양파, 마늘, 다 진 캔 토마토, 바질 일부를 넣고 끓이다가 소금과 흰 후춧가루로 간을 해 토마토 소스를 만든다.

조리 TIP 다진 마늘과 양파는 토마토 소스를 만들 때 와 해산물을 볶을 때 나눠서 사용한다.

올리브오일을 두른 팬에 다진 마늘과 다진 양파를 넣 어 볶다가 손질한 해산물을 넣어 볶는다.

9에 화이트 와인을 넣고 해산물을 익힌다.

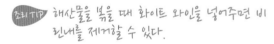
조리 TIP 해산물을 볶을 때 화이트 와인을 넣어주면 비 린내를 제거할 수 있다.

10에 방울토마토와 토마토 소스를 넣고 끓이다가 스 파게티 면을 넣어 버무린 후 소금, 흰후춧가루를 넣 어 완성한다.

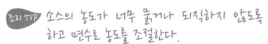
조리 TIP 소스의 농도가 너무 묽거나 되직하지 않도록 하고 면수로 농도를 조절한다.

완성 그릇에 담고 다진 파슬리와 채 썬 바질을 얹어 낸다.

시험시간
40분

비프 스튜

(Beef Stew)

재료

- 소고기(살코기, 덩어리) 100g
- 당근(둥근 모양이 유지되게 등분)
  70g
- 양파(중, 150g) 1/4개
- 파슬리(잎, 줄기 포함) 1줄기
- 셀러리 30g
- 감자(150g) 1/3개
- 밀가루(중력분) 25g
- 토마토 페이스트 20g
- 마늘(중, 깐 것) 1쪽
- 월계수잎 1잎
- 정향 1개
- 버터(무염) 30g
- 소금(정제염) 2g
- 검은 후춧가루 2g

요구사항

주어진 재료를 사용하여 다음과 같이 비프 스튜를 만드시오.

❶ 완성된 소고기와 채소의 크기는 1.8cm의 정육면체로 하시오.

❷ 브라운 루(Brown Roux)를 만들어 사용하시오.

❸ 파슬리 다진 것을 뿌려 내시오.

빈출 조합

- 치즈 오믈렛   P.18

1 마늘은 다지고, 당근, 감자, 양파, 셀러리는 1.8cm × 1.8cm의 정육면체 모양으로 썬 후 당근과 감자는 모서리를 둥글게 깎는다.

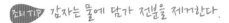
조리TIP 감자는 물에 담가 전분을 제거한다.

2 소고기는 사방 2cm 크기의 정육면체 모양으로 썰어 핏물을 제거하고, 소금과 후추로 밑간을 한다.

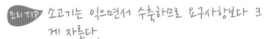
조리TIP 소고기는 익으면서 수축하므로 요구사항보다 크게 자른다.

3 **2**의 소고기에 밀가루를 고르게 묻혀 준비한다.

4 파슬리는 곱게 다지고, 면포에 싸서 물에 헹군 후 가루로 만든다.

5 버터를 두른 팬에 양파, 셀러리, 감자, 당근을 볶는다.

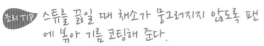
조리TIP 스튜를 끓일 때 채소가 뭉그러지지 않도록 팬에 볶아 기름 코팅해 준다.

6 버터를 두른 팬에 다진 마늘을 볶다가 **3**의 소고기를 겉면이 노릇해지게 굽는다.

냄비에 버터를 녹인 후 밀가루를 넣어 브라운 루를 만들고, 토마토 페이스트를 넣어 브라운 루와 잘 섞이도록 볶는다.

7에 물을 넣어 덩어리가 생기지 않도록 잘 풀어 주며 끓인다.

준비한 소고기와 채소를 넣고 부케가르니(양파, 월계수잎, 정향, 파슬리 줄기)를 넣어 거품을 제거하며 걸쭉해질 때까지 끓인다.

부케가르니를 건져낸 후 소금, 후추로 간을 하고 완성 그릇에 담아 파슬리 가루를 뿌려 낸다.

시험시간
40분

비프 콘소메

(Beef Consomme)

재료

- 소고기(살코기, 갈은 것) 70g
- 양파(중, 150g) 1개
- 당근(둥근 모양이 유지되게 등
  분) 40g
- 셀러리 30g
- 달걀 1개
- 파슬리(잎, 줄기 포함) 1줄기
- 월계수잎 1잎
- 토마토(중, 150g) 1/4개
- 정향 1개
- 소금(정제염) 2g
- 검은 후춧가루 2g
- 검은 통후추 1개
- 비프 스톡(육수, 물로 대체 가능)
  500ml

요구사항

주어진 재료를 사용하여 다음과 같이 비프 콘소메를 만드시오.

❶ 어니언 브루리(Onion Brulee)를 만들어 사용하시오.

❷ 양파를 포함한 채소는 채 썰어 향신료, 소고기, 달걀 흰자 머랭과 함께 섞어 사용하시오.

❸ 수프는 맑고 갈색이 되도록 하여 200ml 이상 제출하시오.

빈출 조합

- 타르타르 소스   P.14
- 해산물 샐러드   P.28

조리
과정

1 양파는 1cm 두께의 링으로 썬 후 남은 양파와 당근, 셀러리는 일정한 굵기로 채 썬다.

2 달걀 흰자는 거품기로 충분히 저어 거품을 낸다.

3 토마토는 끓는 물에 데친 후 껍질과 씨를 제거하고 다진다.

4 링으로 썬 양파는 팬에 갈색이 나도록 구워 어니언 브루리를 만든다.

조리 TIP 지급재료에 버터가 없으므로 주의한다.

5 채 썬 채소와 다진 소고기, 다진 토마토, 흰자 휘핑을 섞어 놓는다.

6 물 3컵과 , 월계수잎, 파슬리, 정향, 통후추를 넣고 끓으면 어니언 브루리를 넣고 끓인다.

조리 TIP 끓이면서 거품 중간에 도넛 모양으로 구멍을 내면 불순물이 잘 제거되어 수프가 맑다.

7

소금과 후추로 간을 한 후 면포에 거른다.

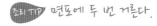 면포에 두 번 거른다.

8

완성 그릇에 200ml 이상을 담아낸다.

살리스버리 스테이크

(Salisbury Steak)

재료

- 소고기(살코기, 갈은 것) 130g
- 양파(중, 150g) 1/6개
- 달걀 1개
- 우유 10ml
- 빵가루(마른 것) 20g
- 감자(150g) 1/2개
- 당근(둥근 모양이 유지되게 등분) 70g
- 시금치 70g
- 버터(무염) 50g
- 식용유 150ml
- 흰설탕 25g
- 소금(정제염) 2g
- 검은 후춧가루 2g

요구사항

주어진 재료를 사용하여 다음과 같이 살리스버리 스테이크를 만드시오.

❶ 살리스버리 스테이크는 타원형으로 만들어 고기 앞, 뒤의 색을 갈색으로 구우시오.
❷ 더운 채소(당근, 감자, 시금치)를 각각 모양 있게 만들어 곁들여 내시오.

빈출 조합

- 홀렌다이즈 소스   P.20
- 이탈리안 미트 소스   P.31

1 다진 소고기는 더 곱게 다진 후 키친타월에 올려 핏물을 제거한다.

2 시금치는 줄기째 끓는 물에 소금을 넣고 데쳐 찬물에 헹군 후 물기를 꼭 짠 다음 4cm 길이로 자른다.

3 양파는 곱게 다진 후 조금만 남겨 시금치를 볶을 때 사용하고, 나머지는 볶아 식힌다.

4 버터를 두른 팬에 다진 양파를 볶다가 시금치를 넣고 소금으로 간을 한다.

5 감자는 5cm × 0.7cm × 0.7cm로 썰어 삶은 후 물기를 제거하여 170℃의 기름에 노릇하게 튀겨 내고 소금을 살짝 뿌린다.

 조리TIP 감자와 당근은 1분~1분 30초 정도 삶은 후 찬물에 헹군다.

6 당근은 두께 0.5cm, 지름 3~4cm 정도의 원형으로 썰고, 가장자리를 돌려 깎아 끓는 물에 삶은 후 버터 1작은술, 설탕 1큰술, 물 2큰술, 소금을 넣어 윤기 나게 조린다.

다진 소고기에 **3**에서 볶은 양파와 우유 1큰술, 빵가루 1큰술, 달걀물 1큰술, 소금, 후추를 넣고 섞는다.

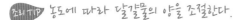
조리TIP 농도에 따라 달걀물의 양을 조절한다.

반죽을 충분히 치댄 후 두께 0.8cm 정도의 긴 타원형으로 빚는다.

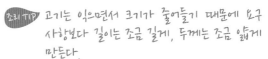
조리TIP 고기는 익으면서 크기가 줄어들기 때문에 요구 사항보다 길이는 조금 길게, 두께는 조금 얇게 만든다.

팬에 식용유를 두르고 앞·뒤로 노릇하게 지진 후 불을 약하게 줄여 속까지 완전히 익힌다.

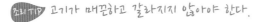
조리TIP 고기가 매끈하고 갈라지지 않아야 한다.

완성 접시의 가장자리에 더운 채소(감자, 시금치, 당근)를 가지런히 돌려 담는다.

접시 가운데에 스테이크를 담아낸다.

시험시간
40분

바베큐 폭찹

(Barbecued Pork Chop)

재료

- 돼지갈비(살 두께 5cm 이상, 뼈를 포함한 길이 10cm) 200g
- 월계수잎 1잎
- 밀가루(중력분) 10g
- 레몬(길이(장축)로 등분) 1/6개
- 토마토 케첩 30g
- 우스터 소스 5ml
- 양파(중, 150g) 1/4개
- 셀러리 30g
- 핫소스 5ml
- 버터(무염) 10g
- 식초 10ml
- 마늘(중, 깐 것) 1쪽
- 식용유 30ml
- 황설탕 10g
- 소금(정제염) 2g
- 검은 후춧가루 2g
- 비프 스톡(육수, 물로 대체 가능) 200ml

요구사항

주어진 재료를 사용하여 다음과 같이 바베큐 폭찹을 만드시오.

❶ 고기는 뼈가 붙은 채로 사용하고 고기의 두께는 1cm로 하시오.

❷ 양파, 셀러리, 마늘은 다져 소스로 만드시오.

❸ 완성된 소스는 농도에 유의하고 윤기가 나도록 하시오.

빈출 조합

조리
과정

핏물을 제거한 돼지갈비는 기름기를 제거하고 두꺼
운 부분은 1cm 정도로 포를 뜬 후 칼집을 넣는다.

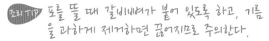

조리TIP 포를 뜰 때 갈비뼈가 붙어 있도록 하고, 기름
을 과하게 제거하면 끊어지므로 주의한다.

팬에 식용유를 넉넉히 두르고 갈비를 앞·뒤로 노릇
하게 굽는다.

소금, 후추로 간을 한 후 앞·뒤로 밀가루를 고르게
묻힌다.

조리TIP 밀가루는 돼지 잡내를 제거하고, 육즙이 빠
져나가지 않게 한다.

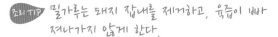

냄비에 버터를 두르고 다진 마늘과 양파, 셀러리를
볶다가 토마토 케첩 2큰술을 넣고 볶는다.

물 2/3컵, 핫소스 1작은술, 황설탕 1작은술, 레몬즙,
월계수잎, 우스터 소스 1작은술, 식초 1작은술을 넣
어 끓인다.

소스에 갈비를 넣고 소스를 끼얹어 가며 윤기 나게
조린다.

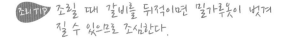

조리TIP 조릴 때 갈비를 뒤적이면 밀가루옷이 벗겨
질 수 있으므로 조심한다.

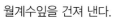

월계수잎을 건져 낸다.

완성 접시에 갈비를 담고 소스를 끼얹어 낸다.

하루하루가 힘들다면
지금 높은 곳을 오르고 있기 때문입니다.

– 조정민, 『인생은 선물이다』, 두란노

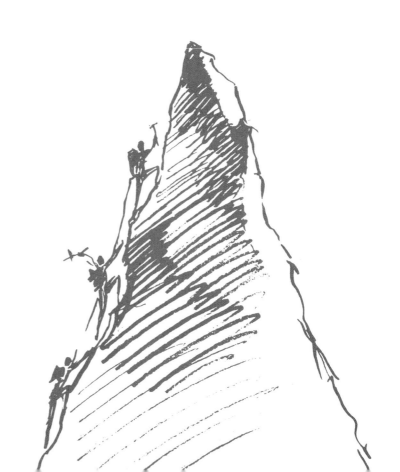

특별제공

과년도
폐지 과제

피쉬 뮈니엘

(Fish Meuniere)

재료

- 가자미(250~300g 정도, 해동 지급) 1마리
- 레몬(길이(장축)로 등분) 1/2개
- 파슬리(잎, 줄기 포함) 1줄기
- 버터(무염) 50g
- 밀가루(중력분) 30g
- 소금(정제염) 2g
- 흰후춧가루 2g

요구사항

주어진 재료를 사용하여 다음과 같이 피쉬 뮈니엘을 만드시오.

❶ 생선은 5장뜨기로 길이를 일정하게 하여 4쪽을 구워 내시오.
❷ 버터, 레몬, 파슬리를 이용하여 소스를 만들어 사용하시오.
❸ 레몬과 파슬리를 곁들여 내시오.

가자미는 꼬리에서 머리쪽으로 비늘을 제거한다.

머리, 내장, 지느러미를 제거한 후 깨끗이 헹군다.

가자미에 물기를 제거한 후 5장뜨기(생선살 4쪽, 뼈)
한다.

포 뜬 가자미는 꼬리에서 머리쪽으로 껍질을 제거한
다.

파슬리는 곱게 다지고, 면포에 싸서 물에 헹군 후 가
루로 만든다.

손질한 생선은 물기를 제거하여 소금과 흰후춧가루
로 간을 하고, 밀가루를 묻혀 버터를 넉넉히 두른 팬
에 앞·뒤로 지진다.

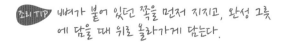
조리TIP 뼈가 붙어 있던 쪽을 먼저 지지고, 완성 그릇
에 담을 때 위로 올라가게 담는다.

생선을 지져 낸 팬에 버터 1큰술과 레몬즙, 다진 파슬리, 소금을 넣어 버터 레몬 소스를 만든다.

접시에 뼈쪽 생선살이 위로 오게 담고, 버터 레몬 소스를 고르게 뿌린 후 남은 레몬과 파슬리로 장식한다.

채소로 속을 채운 훈제연어롤

(Smoked Salmon Roll with Vegetable)

재료

- 훈제연어(균일한 두께와 크기로 지급) 150g
- 당근(길이 방향으로 자른 모양으로 지급) 40g
- 겨자무(홀스레디쉬) 10g
- 홍피망(중, 75g 정도, 길이로 잘라서) 1/8개
- 청피망(중, 75g 정도, 길이로 잘라서) 1/8개
- 레몬(길이(장축)로 등분) 1/4개
- 양파(중, 150g 정도) 1/8개
- 셀러리 15g
- 무 15g
- 양상추 15g
- 생크림(조리용) 50g
- 파슬리(잎, 줄기 포함) 1줄기
- 케이퍼 6개
- 소금(정제염) 5g
- 흰후춧가루 5g
- * 지참 준비물: 연어 나이프(필요 시 지참, 일반 조리용 칼로 대체 가능)

요구사항

주어진 재료를 사용하여 다음과 같이 채소로 속을 채운 훈제연어롤을 만드시오.

❶ 주어진 훈제연어를 슬라이스하여 사용하시오.

❷ 당근, 셀러리, 무, 홍피망, 청피망을 0.3cm 정도의 두께로 채 써시오.

❸ 채소로 속을 채워 롤을 만드시오.

❹ 롤을 만든 뒤 일정한 크기로 6등분하여 제출하시오.

❺ 생크림, 겨자무(홀스레디쉬), 레몬즙을 이용하여 만든 홀스레디쉬 크림, 케이퍼, 레몬 웨지, 양파, 파슬리를 곁들이시오.

조리
과정

1

섬유질을 제거한 셀러리와 당근, 홍피망, 청피망, 무, 양파는 0.3cm × 5cm로 자른다.

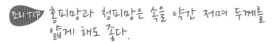

조리 TIP 홍피망과 청피망은 속을 약간 저며 두께를 얇게 해도 좋다.

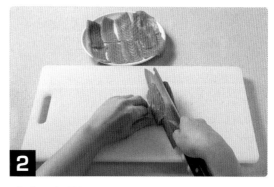

2

연어는 일정한 크기로 슬라이스하고, 면포로 가볍게 눌러 기름기를 제거한다.

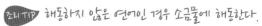

조리 TIP 해동하지 않은 연어인 경우 소금물에 해동한다.

3

랩 위에 슬라이스한 훈제연어를 올리고 **1**의 재료를 가지런히 올린 후 속 재료가 흐트러지지 않도록 촘촘하게 만다.

4

랩이 말려 있는 채로 일정한 간격으로 6등분한 후 조심스럽게 랩을 푼다.

5

생크림을 거품기로 충분히 저어 거품을 낸다.

6

홀스레디쉬는 물기를 제거하고 다진 양파 1큰술과 레몬즙, 소금, 흰후춧가루, 생크림 휘핑을 섞어 홀스레디쉬 크림을 만든다.

7

작은 스푼을 이용하여 홀스레디쉬 크림을 퀜넬 모양
으로 만든다.

8

완성 접시에 물기를 제거한 양상추를 깔고 연어롤 6
개와 함께 홀스레디쉬 크림, 케이퍼, 레몬 웨지, 다진
양파, 파슬리를 담아낸다.

솔 모르네

(Sole Mornay)

재료

- 가자미(250~300g 정도, 해동 지급) 1마리
- 치즈(가로, 세로 8cm 정도) 1장
- 카이엔페퍼 2g
- 밀가루(중력분) 30g
- 우유 200ml
- 레몬(길이(장축)로 등분) 1/4개
- 양파(중, 150g 정도) 1/3개
- 파슬리(잎, 줄기 포함) 1줄기
- 버터(무염) 50g
- 정향 1개
- 월계수잎 1잎
- 흰통후추(검은 통후추로 대체 가능) 3개
- 소금(정제염) 2g

요구사항

주어진 재료를 사용하여 다음과 같이 솔 모르네를 만드시오.

❶ 피쉬 스톡(Fish Stock)을 만들어 생선을 포우칭(Poaching)하시오.

❷ 베샤멜 소스를 만들어 치즈를 넣고 모르네 소스(Mornay Sauce)를 만드시오.

❸ 생선은 5장뜨기하고, 수량은 같은 크기로 4개 제출하시오.

❹ 카이엔페퍼를 뿌려 내시오.

조리
과정

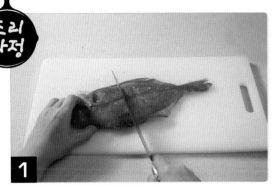

가자미는 꼬리에서 머리쪽으로 비늘을 제거한다.

머리, 내장, 지느러미를 제거한 후 깨끗이 헹군다.

가자미의 물기를 제거한 후 5장뜨기(생선살 4쪽, 뼈)한다.

포 뜬 가자미는 꼬리에서 머리쪽으로 껍질을 제거한다.

버터를 두른 냄비에 채 썬 양파와 손질한 뼈를 넣어 볶은 후 물 1.5컵, 파슬리, 월계수잎, 통후추, 정향, 레몬즙을 넣고 끓여 피쉬 스톡을 만든다.

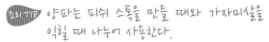
조리 TIP 양파는 피쉬 스톡을 만들 때와 가자미살을 익힐 때 나누어 사용한다.

피쉬 스톡을 면포에 걸러 놓는다.

껍질을 제거한 가자미는 소금으로 밑간을 한다.

 후추는 지급되지 않으므로 사용 시 오작임에 유의한다.

생선살은 물기를 제거하고 껍질쪽이 안으로 들어가도록 만 후 이쑤시개를 꽂아 고정시킨다.

버터를 두른 냄비에 다진 양파를 볶다가 피쉬 스톡과 가자미살을 넣고 스톡을 끼얹으며 익힌 후 이쑤시개를 뺀다.

 살짝 식힌 후 이쑤시개를 돌려가며 뺀다.

냄비에 버터 1큰술과 밀가루 2큰술을 넣고 화이트 루를 만든 다음 피쉬 스톡과 우유를 넣어 베샤멜 소스를 만들고 자른 치즈와 소금을 넣어 모르네 소스를 만든다.

완성 접시에 가자미살을 담고, 위에 모르네 소스를 끼얹는다.

 포우칭한 가자미는 물기를 없앤 후 담아야 소스가 겉돌지 않는다.

가자미살 각각에 카이엔페퍼를 약간씩 뿌려낸다.

 파슬리가 지급되므로 파슬리 잎을 장식에 사용해도 무관하다.

2021 에듀윌 조리기능사 실기 양식

초판인쇄	2021년 02월 09일
초판발행	2021년 02월 19일
공 저 자	김자경 · 송은주 · 김선희
펴 낸 이	박명규
펴 낸 곳	(주)에듀윌
등록번호	제25100–2002–000052호
주 소	08378 서울특별시 구로구 디지털로34길 55
	코오롱싸이언스밸리 2차 3층

ISBN 979-11-360-0941-8 13590

www.eduwill.net

대표전화 1600-6700

여러분의 작은 소리
에듀윌은 크게 듣겠습니다.

본 교재에 대한 여러분의 목소리를 들려주세요.
공부하시면서 어려웠던 점, 궁금한 점,
칭찬하고 싶은 점, 개선할 점, 어떤 것이라도 좋습니다.

에듀윌은 여러분께서 나누어 주신 의견을
통해 끊임없이 발전하고 있습니다.

에듀윌 도서몰 book.eduwill.net
• 부가학습자료 및 정오표: 에듀윌 도서몰 → 도서자료실
• 교재 문의: 에듀윌 도서몰 → 문의하기 → 교재(내용, 출간) / 주문 및 배송

eduwill

꿈을 현실로 만드는
에듀윌

에듀윌은 고객의 **꿈**, 직원의 **꿈**,
지역사회의 **꿈**을 **실현한다**

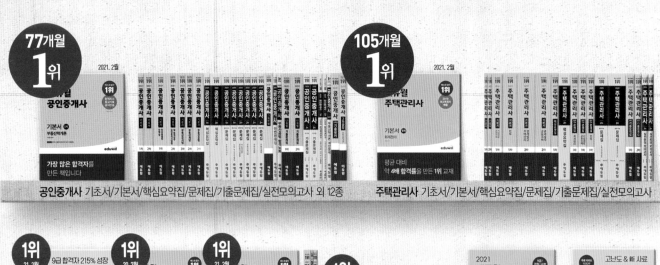

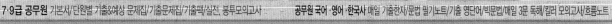

한국사능력검정시험 기본서/기출문제집/2주끝장	조리기능사 필기 / 실기	제과제빵기능사 필기/실기	SMAT 모듈 A/B/C	ERP정보관리사 회계/인사/물류/생산(1, 2급)	전산세무회계 기초서/기본서/기출문제집

진흥회 한자 3급 / 상공회의소한자 3급	ToKL 한권끝장/2주끝장	KBS한국어능력시험 한권끝장/2주끝장/문제집/기출문제집	한국실용글쓰기	매경TEST 기본서/문제집/2주끝장	TESAT 기본서/문제집/기출문제집

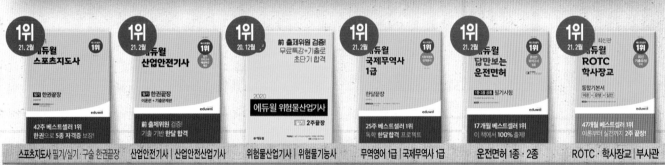

스포츠지도사 필기/실기·구술 한권끝장	산업안전기사 / 산업안전산업기사	위험물산업기사 / 위험물기능사	무역영어 1급 / 국제무역사 1급	운전면허 1종 · 2종	ROTC · 학사장교 / 부사관

월간시사상식	일반상식	월간 NCS	NCS 통합 기본서/모듈형 기본서/봉투모의고사	PSAT형 NCS 자료해석 380제	NCS 6대 출제사 기출PACK	한국철도공사 기본서/봉투모의고사

국민건강보험공단 기본서/봉투모의고사	한국전력공사 / 한수원 / 수자원	서울교통공사 / 부산교통공사 / 교통공사통합	GSAT 기본서/봉투모의고사/파이널	LG	SKCT	CJ	NCS	대기업 자소서&면접

※ YES 24 국내도서 해당분야 월별, 주별 베스트 기준

합격자 수 1위 에듀윌

- 공인중개사 2019년 최다 합격자 배출 공식 인증 (한국의 기네스북, KRI 한국기록원)
- 취업 1위, 공무원 1위, 경찰공무원 1위, 소방공무원 1위, 계리직 공무원 1위, 군무원 1위, 한국사능력검정 1위, 전산세무회계 1위, 검정고시 1위, 경비지도사 1위, 직업상담사 1위, 재경관리사 1위, 도로교통사고감정사 1위, ERP정보관리사 1위, 물류관리사 1위, 한경TESAT 1위, 매경TEST 1위, 유통관리사 1위, 한국어능력시험 1위, 국제무역사 1위, 무역영어 1위, 공인중개사 1위, 주택관리사 1위, 사회복지사 1위, 행정사 1위, 부동산실무 1위 (2020 한국브랜드만족지수 교육 부문, 주간동아/G밸리뉴스 주최)
- 전기기사 1위, 소방설비기사 1위, 소방시설관리사 1위, 건축기사 1위, 토목기사 1위, 전기기능사 1위, 산업안전기사 1위 (2020 한국소비자만족지수 교육 부문, 한경비즈니스/G밸리뉴스 주최)